Le Stelle

Collana a cura di Corrado Lamberti

Alla scoperta delle galassie

Alla scoperta delle galassie

Alessandro Boselli

Springer

Tradotto dall'edizione originale francese:
À la découverte des galaxies di Alessandro Boselli
Pubblicato da Ellipses
Copyright © 2007 Édition Marketing S.A.
Versione in lingua italiana: © Springer-Verlag Italia 2010

ISBN 978-88-470-1182-3 Springer-Verlag Italia

ISBN 978-88-470-1183-0 (eBook)

DOI 10.1007/978-88-470-1183-0

Foto nel logo: rotazione della volta celeste; l'autore è il romano Danilo Pivato, astrofotografo italiano di grande tecnica ed esperienza
Foto di copertina: la galassia spirale NGC 4565. © Canada-France-Hawaii Telescope Corporation
Progetto grafico della copertina: Simona Colombo, Milano
Impaginazione: Erminio Consonni, Lenno (CO)

Springer-Verlag Italia Srl, Via Decembrio 28, I-20137 Milano
Springer fa parte di Springer Science + Business Media (www.springer.com)

Sommario

Premessa all'edizione italiana

È con vera soddisfazione che consegno all'editore la seconda edizione di *À la découverte des galaxies* in lingua italiana. Se devo la mia carriera professionale al sistema francese, che mi ha accolto 15 anni fa, sono infatti italiano, cresciuto sulle rive del Lago di Como, e ho effettuato i miei studi di fisica all'Università di Milano, laureandomi con una tesi in astronomia presso il CNR e l'Osservatorio Astronomico di Brera. Come molti altri miei giovani colleghi, per la difficoltà di ottenere un incarico nel mondo della ricerca del nostro Paese, ho lasciato l'Italia nel 1992, accumulando esperienze prima all'Observatoire de Paris-Meudon (Francia), poi al Max Planck Institut für Kernphysik di Heidelberg (Germania), e di nuovo in Francia, presso l'allora Laboratoire d'Astrophysique Spatiale di Marsiglia. Mi ha infine accolto il CNRS francese, nel 1996.
È comunque l'Italia il mio Paese. È qui che ho maturato, fin dall'infanzia, una profonda passione per l'astronomia, ed è qui che ho avuto il mio primo contatto con il mondo della ricerca. Ritornare nel mio Paese con un libro che tratta del mio lavoro è per me sommamente gratificante.

La visione che oggi posso avere dell'astronomia moderna, e in particolare di quella italiana, è certamente diversa e più matura di quella del giovane sognatore che ero. Oggi la ricerca astronomica è fatta soprattutto da progetti costosi ed estremamente ambiziosi, a cui collaborano gruppi di astronomi di diversi Paesi: affinché possano essere finanziati, devono essere definiti e strutturati con molti anni d'anticipo, talvolta in modo poco flessibile. Queste grandi imprese lasciano sempre meno spazio a quelle scoperte casuali che hanno mantenuto in vita l'astronomia da Galileo agli anni nostri. I responsabili devono dimostrarsi perfetti *manager*, completamente assorbiti dalla gestione funzionale ed economica del progetto, alla quale dedicano energie sottratte alla loro personale attività scientifica, e sono sempre più rari i ricercatori della vecchia generazione (penso, ad esempio, ad Allan Sandage, Donald Linden-Bell, Gérard de Vaucouleurs, Sidney van den Bergh, giusto per citarne alcuni che ho avuto la fortuna di conoscere, ai quali aggiungo il mio direttore di tesi James Lequeux) che, pur avendo conoscenze specialistiche approfondite su campi particolari, erano anche capaci di abbracciare in una visione organica i grandi temi dell'astronomia e della fisica, indicando le strade per affrontarli.

Malgrado le risorse limitate di cui può disporre, l'astronomia italiana resta di primissima qualità, come testimoniano le numerose e qualificate partecipazioni ai congressi internazionali. Nel campo della formazione e dell'evoluzione delle galassie – che è il mio specifico – esistono in Italia alcune tra le scuole più rinomate al mondo (per esempio, quelle sull'evoluzione stellare di Bologna e di Padova). Colpisce anche l'eccellente grado di preparazione dei giovani studenti italiani, molti dei quali hanno già fatto importanti carriere all'estero. La qualità e il prestigio dell'astronomia italiana moderna sono eredi della tradizione nata con Galileo agli inizi del XVII secolo, così come l'astronomia tedesca rimanda a Keplero e quella inglese a Newton.

Da italiano, mi piace pensare a questo libro, che esce nell'Anno Internazionale dell'Astronomia, come un omaggio (e un modesto contributo) alla gloriosa tradizione galileiana. Pubblicare un libro sulle galassie nella mia lingua è un'opportunità che mi si offre per tentare di trasmettere a un ampio pubblico, specie giovanile, la passione che mi accompagna dall'infanzia. Forse è anche un modo concreto per esprimere gratitudine alle istituzioni (in particolar modo all'Università degli Studi di Milano) ai docenti e alle persone che hanno contribuito alla mia formazione. Ne approfitto quindi per ringraziare i miei relatori di tesi, Giuseppe Gavazzi e James Lequeux, i collaboratori coi quali ho lavorato in questi anni, ma anche la mia famiglia e gli amici che mi sono stati più vicini. In particolare, vorrei dedicare questo libro a una persona prematuramente scomparsa, Giovanni Bellasi, la cui amicizia sincera mi è stata d'aiuto in taluni momenti difficili. Grazie, infine, a quanti mi hanno aiutato a vario titolo in questa versione italiana del libro: Isabella Randone, Lodovica Cima e Giuseppe Gavazzi, per la ricerca di un editore italiano, ancora Giuseppe Gavazzi e Olga Cucciati per la rilettura del testo, Marina Forlizzi e Corrado Lamberti per il lavoro editoriale e di redazione.

Marsiglia, giugno 2009

Alessandro Boselli

Prefazione

È stupefacente considerare come, fino a cento anni fa, si sapesse ben poco delle galassie, oggetti che ancora venivano chiamati "nebulose", dei quali non si conoscevano né la natura, né le distanze. Fu grazie al telescopio di 2,5 m di diametro di Monte Wilson, in California, entrato in servizio nel 1917, che Edwin Hubble poté dimostrare, fra il 1924 e il 1926, che la nebulosa di Andromeda conteneva un gran numero di stelle e che si collocava all'esterno della Via Lattea. In seguito, nel 1929, attraverso misure spettroscopiche, Hubble rilevò la velocità di allontanamento delle "nebulose extragalattiche" più lontane e scoprì l'espansione dell'Universo, mostrando che questi oggetti si allontanano da noi sempre più velocemente all'aumentare della loro distanza. Oggi, i telescopi giganti con base al suolo e il Telescopio Spaziale, che porta giustamente il nome di Hubble, ci forniscono immagini estremamente dettagliate di queste "nebulose", che ora riconosciamo essere galassie come la nostra Via Lattea: ormai siamo in grado di osservare galassie molto lontane, nell'atto stesso della loro formazione. Anche altri intervalli dello spettro elettromagnetico sono oggi accessibili alle osservazioni, dalle onde radio ai raggi X, passando per l'infrarosso e l'ultravioletto, e la ricchezza d'informazione che possiamo trarre è incomparabile. Chi avrebbe potuto immaginare solamente venticinque anni fa che molte galassie emettono la maggior parte della loro energia non sotto forma di luce visibile ma piuttosto nel lontano infrarosso? Infine, le simulazioni numeriche al calcolatore ci permettono di riprodurre l'aspetto delle galassie più peculiari, aiutandoci a capire l'origine della loro struttura. Ormai sappiamo che le galassie sono sistemi complessi che nascono, evolvono, si incontrano e qualche volta si fondono: finiranno anche per morire in un futuro fortunatamente lontano.

Era quindi tempo che si dedicasse interamente alle galassie un'opera come questa, capace di spiegare in modo semplice e accessibile a tutti ciò che conosciamo. Il mio ex-allievo Alessandro Boselli, divenuto ricercatore, specialista di formazione stellare nelle galassie e nell'utilizzo, oltre che delle proprie osservazioni, di dati dei satelliti astronomici, principalmente infrarossi e ultravioletti, propone questo libro al pubblico degli appassionati di astronomia, e il suo entusiasmo è contagioso. Il volume è magnificamente illustrato da fotografie e da immagini ottenute nell'infrarosso, nell'ultravioletto e nei raggi X dai più grandi telescopi terrestri, dal Telescopio Spaziale "Hubble" e da altri satelliti astronomici. Queste immagini, già di per sé spettacolari sotto il profilo estetico, accompagnate come sono da esaustive spiegazioni, ci permettono di capire ciò che veramente sono le galassie. L'ultima parte del libro ci porta nell'Universo lontano, dove le galassie non sono distribuite a caso, bensì popolano immense strutture formatesi probabilmente poco dopo la nascita delle galassie stesse, in un'epoca remota. Nonostante gli immensi progressi realizzati in questi ultimi anni, resta tuttavia ancora molto da capire, prima fra tutte la natura della materia oscura che costituisce il 90% della massa delle galassie.

È senz'altro da raccomandare la lettura di questo libro che, partendo da basi molto semplici, ci offre una visione completa e attuale degli elementi costitutivi dell'Universo.

James Lequeux
Astronomo all'Osservatorio di Parigi

Introduzione

Affascinato dalla bellezza e dall'immensità del cielo stellato, e spinto dalla sua profonda curiosità, fin dai tempi più antichi l'uomo si è posto domande sulla natura e sull'origine dell'Universo. Alcune questioni che oggi possono sembrarci banali sono rimaste senza risposta per diversi secoli, nonostante siano state al centro dell'attenzione di alcuni tra i più grandi studiosi di tutti i tempi.

Lo studio dell'Universo nella sua globalità, della sua origine e della sua evoluzione, ovvero la *cosmologia*, è ancora oggi uno dei temi di ricerca tra i più affascinanti dei quali l'uomo può interessarsi. Per diversi secoli, lo scopo principale della cosmologia è stato quello di capire cosa, se il Sole o la Terra, fosse al centro dell'Universo. Alcuni pensatori proposero teorie più generali per spiegare la natura stessa dell'Universo: la teoria cosmologica, per la quale Giordano Bruno pagò con la vita (venne messo al rogo dall'Inquisizione nel 1600, a Roma, per aver sostenuto idee ritenute in contrasto con i testi biblici), era originale, moderna e innovatrice anche se non fondata su evidenze osservative. Giordano Bruno immaginava l'Universo come infinito, contenente una moltitudine di stelle, corpi celesti simili al Sole, che apparivano più piccole e deboli solo perché più lontane. Bruno credeva anche che il Sole non avesse una posizione centrale all'interno di questo Universo infinito. L'esistenza di altre galassie come la Via Lattea era già stata immaginata da Ipparco (190-120 a.C.) nell'antichità; più tardi venne riproposta dal filosofo Immanuel Kant (che le chiamava "universi-isola") e dall'astronomo William Herschel, nel XVIII secolo. La loro esistenza, tuttavia, ha potuto essere dimostrata solo all'inizio del XX secolo.

Prima dell'introduzione in astronomia del telescopio, l'osservazione e lo studio dell'Universo si limitavano agli oggetti della nostra Galassia. Galileo, con il suo cannocchiale, ha mostrato per la prima volta, all'inizio del XVII secolo, che la Via Lattea, la nostra Galassia, a occhio nudo oggetto nebuloso, diffuso ed esteso, è in realtà composta da milioni di stelle. La presenza in cielo di altri corpi diffusi, chiamati generalmente *nebulose*, era già nota dall'antichità: nel 1771, l'astronomo francese Charles Messier ne compilò un primo catalogo. La loro natura, a quell'epoca, era ancora sconosciuta. È solamente all'inizio del secolo scorso che si dimostrò la somiglianza di alcune fra queste nebulose, poi chiamate *galassie*, con la nostra Via Lattea.

Sfruttando nuove tecniche d'osservazione, in particolare la spettroscopia, gli astronomi dell'inizio del secolo scorso mostrarono che alcune nebulose del catalogo di Messier, come quella conosciuta in sigla come M31, non erano oggetti propri della nostra Galassia, ma vaste aggregazioni di stelle esterne alla Via Lattea. Così si scoprì l'esistenza delle altre galassie. Studi successivi, in particolare quelli scaturiti dal lavoro di Edwin Hubble (1889-1953), hanno mostrato che le galassie che ci circondano stanno allontanandosi da noi e reciprocamente tra di esse. L'Universo è quindi in espansione. Nasceva così la cosmologia moderna.

Gli studi che sono seguiti hanno portato a una comprensione più approfondita e completa dell'Universo e delle sue proprietà, e hanno permesso di formulare teorie come quella del *Big Bang*, oggi assunta come riferimento per spiegare l'evoluzione cosmica. Da quando è nata la cosmologia moderna, attraverso lo studio delle galassie gli astronomi tracciano l'evoluzione dell'Universo. L'evoluzione delle galassie è infatti intimamente legata a quella dell'Universo nel suo insieme. Le galassie erano già presenti un miliardo di anni dopo il Big Bang, quando l'Universo aveva un'età inferiore al 10% di quella attuale, che le stime più recenti fissano a 13,7 miliardi di anni. Grazie al fatto che la luce ha una velocità di propagazione finita, l'immagine che ci giunge da oggetti distanti miliardi di anni luce ce li mostra come erano miliardi di anni fa: l'osservazione e lo studio di galassie poste a diverse distanze è quindi il metodo ideale per ricostruire la storia completa dell'Universo. È all'interno delle galassie che una parte del gas primordiale scaturito dal Big Bang, costituito quasi esclusivamente da idrogeno ed elio, è stato trasformato in stelle: queste, in seguito, lo hanno arricchito di elementi pesanti. Il Sole, la Terra e tutti i pianeti che conosciamo, sono stati a loro volta formati all'interno della nostra Galassia.

L'interesse per lo studio delle galassie è anche motivato dal fatto che questi oggetti sono laboratori unici per lo studio della fisica. All'interno delle galassie si possono ritrovare condizioni fisiche estreme, difficilmente riproducibili nei laboratori terrestri. La densità della materia va da 10^{14} g/cm^3 di una stella di neutroni a 10^{-29} g/cm^3 nel vuoto cosmico. All'interno delle galassie possono verificarsi i più violenti processi di produzione di energia conosciuti, come le esplosioni di supernovae, e, allo stesso tempo, le debolissime emissioni da parte dei grani della polvere interstellare, la cui temperatura è prossima allo zero assoluto. In queste condizioni estreme trovano applicazione tutte le leggi della fisica, dalla relatività alla fisica quantistica.

Nonostante la loro complessità, oggi abbiamo una visione assai chiara della natura delle galassie, della loro evoluzione e dei fenomeni fisici che le modificano. Scopo di questo libro è di spiegare in termini comprensibili tutto ciò che sappiamo sulle galassie. Ho provato a spiegare problemi fisici spesso complessi facendo uso di esempi semplici, evitando il formalismo matematico, quando possibile. Allo stesso tempo, ho cercato di mostrare come gli astronomi, attraverso le osservazioni, cercano di rispondere alle questioni ancora aperte. A questo scopo, mi sono avvalso di una serie di magnifiche immagini ottenute con gli strumenti più moderni e di figure tratte da testi tecnici e professionali. La bellezza di queste immagini potrà essere apprezzata anche da chi non cerca una spiegazione fisica, ma è spinto solo da pura curiosità. Spero così di riuscire a trasmettere almeno una piccola parte della passione che mi ha spinto a dedicare la mia vita allo studio di questi magnifici oggetti.

▲ **Figura 1.1** Immagine ottica della galassia a spirale M101 (CFHT).

1. **I diversi tipi di galassie**

Le galassie sono agglomerati di stelle (tra 10 milioni e 100 miliardi) dinamicamente stabili, cioè tenuti in equilibrio dalle forze gravitazionali. Questi oggetti popolano numerosi l'Universo distribuendosi in modo non omogeneo. Esistono diversi tipi di galassie: le spirali, come M101 (questo nome indica l'oggetto numero 101 del *catalogo di Messier*; Figura 1.1), dove la formazione stellare è attiva, le ellittiche e le lenticolari, dominate da popolazioni stellari vecchie e, infine, le galassie nane e irregolari. Abbastanza rari nell'Universo locale, probabilmente più numerosi nel passato, esistono anche oggetti estremamente efficienti nel formare nuove stelle (sono le cosiddette galassie *starburst*) o con un'attività energetica intensa nelle regioni centrali.

1.1. **Le galassie a spirale**

Le galassie a spirale sono composte da un *nucleo*, situato nel loro centro, caratterizzato da una densità di stelle estremamente elevata, da un *bulge* (rigonfiamento centrale) più o meno esteso, di forma ellissoidale (la forma di una zucca), che contiene il nucleo e che è composto da stelle vecchie, di colore giallastro, infine da un *disco* relativamente sottile, all'interno del quale si sviluppano i caratteristici bracci a spirale, più o meno aperti, composti principalmente da stelle giovani, di colore blu. Tutte queste componenti sono immerse in un *alone* molto esteso, le cui stelle sono estremamente vecchie: sono infatti la prima popolazione stellare comparsa dopo la formazione delle galassie. L'alone ha una brillanza superficiale[*1] molto debole: la densità di stelle negli aloni è così bassa da rendere estremamente difficile la loro osservazione. Queste galassie contengono anche materia la cui vera natura è ancora sconosciuta: è detta *materia oscura* (in inglese, *dark matter*; si veda il capitolo 4). Intorno a questi sistemi gravitano, come la Luna intorno alla Terra, *gli ammassi globulari*, "grappoli" di centinaia di migliaia di stelle, originatisi per la gran parte poco dopo l'origine delle galassie stesse e quindi anch'essi costituiti da stelle estremamente vecchie, con un'età di circa 13 miliardi di anni, paragonabile con quella dell'Universo (13,7 miliardi di anni). M80 è un esempio tipico di ammasso globulare (Figura 1.2). Una galassia a spirale normale è accompagnata in media da qualche centinaio di ammassi globulari.

Tutte queste componenti (nucleo, *bulge*, disco, bracci a spirale), ad eccezione degli ammassi globulari, che sono difficili da distinguere a causa delle piccole dimensioni, e dell'alone diffuso, che ha una bassa brillanza superficiale, possono essere facilmente riconosciute nell'immagine di M83 (Figura 1.3).

Le galassie a spirale non sono composte solo da stelle e da materia oscura, ma contengono anche gas atomico e molecolare (principalmente idrogeno), polvere e particelle cariche relativistiche, ossia che si muovono con velocità prossime a quella della luce. Ad eccezione della polvere che, intercettando la luce delle stelle retrostanti, risulta osservabile nel dominio visuale come una traccia scura che si snoda lungo i bracci a spirale, le altre componenti possono essere osservate in emissione ad altre lunghezze d'onda (capitolo 2).

---

*1 La brillanza superficiale è una misura della luminosità per unità di superficie di una galassia.

▲ **Figura 1.2** L'ammasso globulare NGC 6093 (M80), ripreso dal Telescopio Spaziale "Hubble" (HST). Il colore giallo-rossastro delle stelle che lo compongono indica, come vedremo nel capitolo 2, che questi oggetti sono molto antichi.

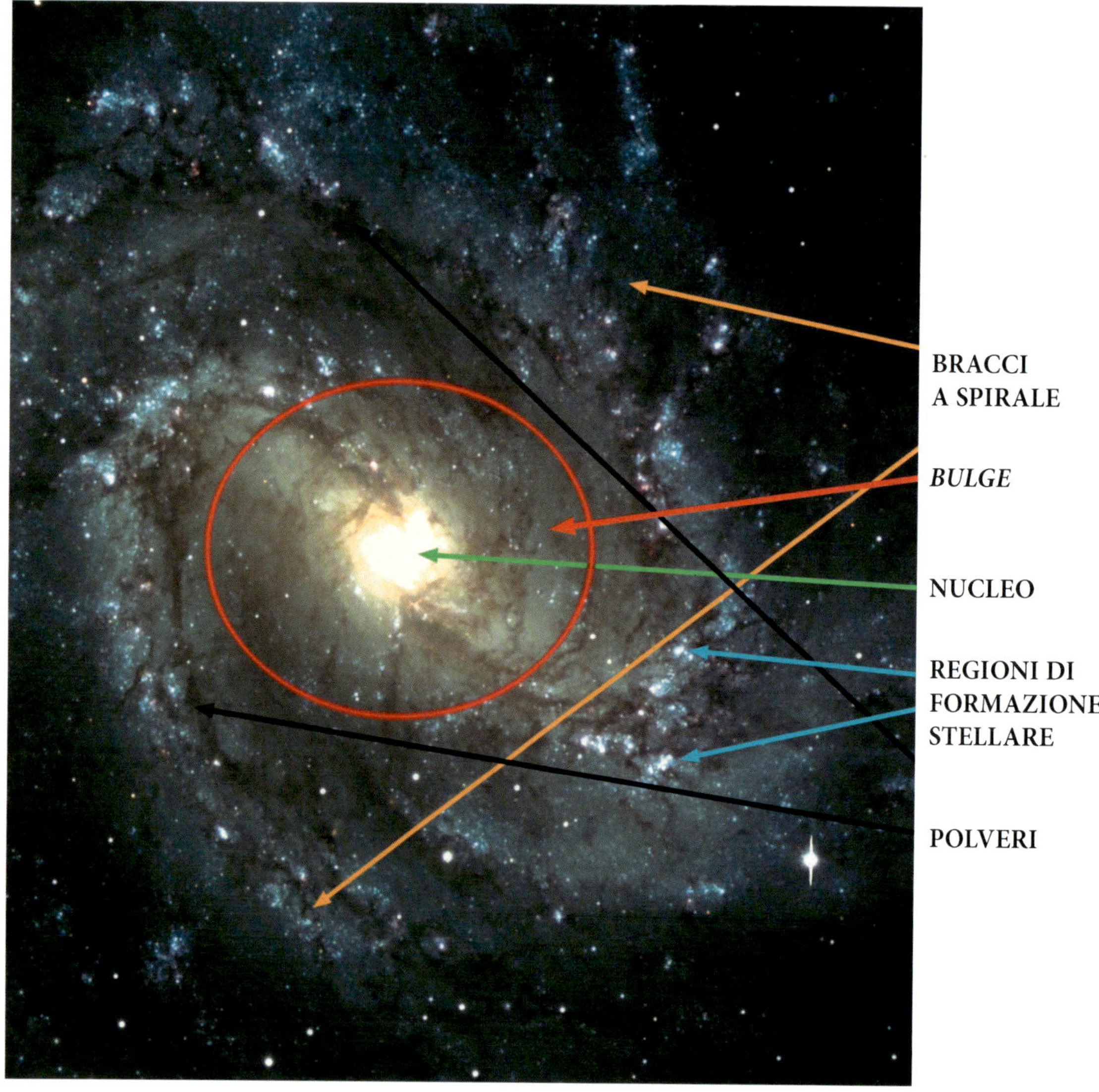

▲ **Figura 1.3** Immagine ottica della galassia a spirale M83 (ESO): il nucleo è la regione più luminosa al centro della galassia. Il *bulge*, di colore giallo, è la regione relativamente estesa intorno al nucleo. I bracci, di colore blu, hanno la forma di una spirale che si estende fino alla parte più esterna della galassia. Le tracce scure che corrono lungo i bracci a spirale sono dovute alla polvere. Le sorgenti puntiformi presenti nell'immagine sono stelle vicine, appartenenti alla nostra Galassia.

▶ **Figura 1.4** NGC 891 è una galassia a spirale vista di taglio (CFHT). Il rigonfiamento al centro è il *bulge*: in questo caso, è poco sviluppato. La striscia scura che attraversa il disco è dovuta alla polvere disseminata nei bracci a spirale.

 Immagine notturna della cupola del telescopio Blanco (4 m di diametro, Cerro Tololo National Observatory, Cile, NOAO). Sullo sfondo, la Via Lattea può facilmente essere riconosciuta come la struttura luminosa estesa alla destra della cupola. Le regioni più brillanti della Via Lattea sono i bracci a spirale, quelle più scure sono polveri interstellari. A sinistra, si distinguono chiaramente le due galassie satelliti della Via Lattea, la Piccola (in alto) e la Grande (in basso) Nube di Magellano.

La stessa M83, se fosse osservata di taglio, ossia nella direzione del piano del disco, avrebbe un aspetto simile a quello della NGC 891 (la sigla indica l'oggetto numero 891 del *New General Catalogue*, Figura 1.4). Questa immagine mostra chiaramente quanto il disco galattico sia sottile in rapporto al suo diametro. Il rigonfiamento nel centro è il *bulge*, la cui forma ellissoidale è appena avvertibile. La striscia scura che attraversa il disco della galassia è dovuta alla polvere. Questa, distribuita principalmente nel piano del disco in tutte le galassie a spirale, è generalmente più facile da osservare quando gli oggetti sono visti di taglio. Ciò è conseguenza dello scarso spessore del disco: la colonna di polveri opache che la nostra linea visuale intercetta è ben più spessa quando la visuale taglia il piano del disco galattico correndo parallelamente ad esso, che non quando lo taglia perpendicolarmente.

Le galassie sono tra gli oggetti più brillanti dell'Universo, essendo costituite ciascuna da centinaia di miliardi di stelle. Il loro diametro tipico è di circa 30 kpc, equivalenti a 100 mila anni luce[2]. Il disco ha uno spessore di solo qualche centinaio di parsec, la centesima parte del suo diametro.

Tornando all'immagine di NGC 891, le sorgenti brillanti e puntiformi disposte attorno alla galassia sono per la maggior parte stelle della nostra Galassia (Galassia, con la G maiuscola, è l'altro nome proprio della Via Lattea): è naturale che ogni volta che cerchiamo di osservare lontano, si debba trovare lungo la linea di vista alcune stelle galattiche. Dopotutto, stiamo osservando dall'interno del disco della Via Lattea e perciò siamo circondati di stelle per ogni dove. La Via Lattea è una grande galassia a spirale simile a M83 e a NGC 891: nelle notti di Luna Nuova, quando il cielo è più scuro, si rende visibile il suo disco come una striscia biancastra, lattiginosa (da cui il nome di Via Lattea) che attraversa tutta la volta celeste, come si vede in Figura 1.5.

Il Sole è situato nella parte esterna del disco galattico, a circa 8 kpc (26 mila anni luce) dal centro. Per confronto, la Terra dista dal Sole 8 minuti luce, quindi circa due miliardi di volte meno di quanto il Sole disti dal centro della Via Lattea. Le stelle della Via Lattea visibili nell'immagine di NGC 891 sono tutte relativamente vicine al Sole (qualche centinaio di anni luce).

L'osservazione di altre galassie poste al di là del piano galattico è resa difficile dalla densità elevata di stelle e di polvere nel disco che la luce trova sul suo cammino. Quando guardiamo nella direzione del piano galattico, possiamo osservare il disco di taglio, indovinare la struttura dei bracci a spirale e il nucleo della Via Lattea: quest'ultimo con maggiori difficoltà e solo in particolari bande spettrali, a causa della grande quantità di polvere interposta.

Le galassie a spirale sono oggetti in rotazione, con velocità che possono raggiungere, nei casi più estremi, 500 km/s (capitolo 4). Il Sistema Solare, per esempio, ruota attorno al centro della Via Lattea con una velocità di circa 220 km/s; per confronto, la velocità orbitale della Terra intorno al Sole è solamente di 30 km/s.

Tra le galassie a spirale esiste una sottoclasse di oggetti che sono detti barrati. NGC 1365 è un esempio tipico di galassia barrata (Figura 1.7). La barra, riconoscibile come la struttura lineare che attraversa il nucleo, è composta da stelle di tutte le età, da gas e da polvere. Due bracci a spirale partono dalle estremità della barra.

---

*2 Un parsec (pc) misura 3×10^{18} cm; quindi 1 kpc = 1000 pc = 3×10^{21} cm; essendo la velocità della luce pari a 300.000 km/s, sono necessari circa 100 mila anni per percorrere una distanza di 30 kpc. Un anno luce corrisponde a circa 9 mila miliardi di chilometri; 1 pc = 3,26 anni luce.

Figura 1.6 Schema rappresentativo di ciò che vedrebbe un osservatore posto all'esterno della Via Lattea. Viene mostrata la posizione periferica del Sole rispetto al disco (la spirale del riquadro in basso a destra, che ha una morfologia simile a quella della nostra Galassia, è NGC 4414; HST). Le galassie situate dietro il piano galattico (zona in grigio nel disegno) non sono facilmente osservabili perché nascoste dalla polvere e confuse con le stelle in primo piano della Galassia situate lungo la linea di vista.

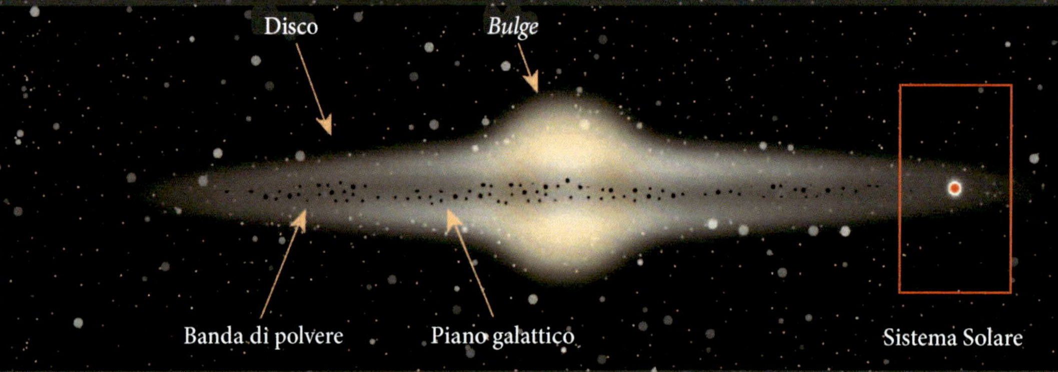

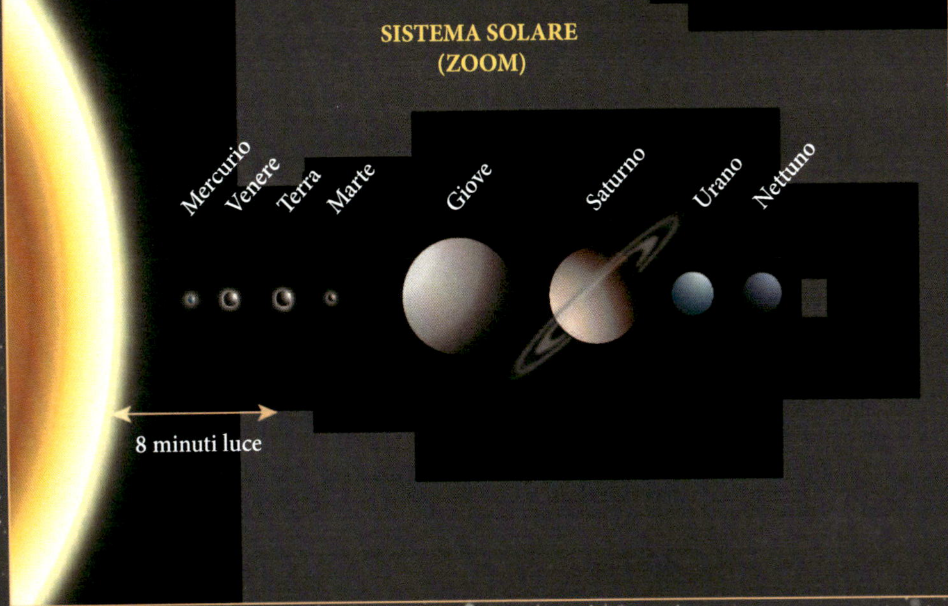

Banda di polvere
Stelle
Sistema Solare
Disco
Piccola Nube
di Magellano
distanza dal Sole
della stella più vicina:
4 anni luce
SISTEMA SOLARE
(ZOOM)
Mercurio
Venere
Terra
Marte
Giove
Saturno
Urano
Nettuno
8 minuti luce

1.2. **Le galassie ellittiche**

Le ellittiche costituiscono una seconda categoria di galassie. Hanno una forma tendenzialmente sferica o ellissoidale, e sono quindi molto più spesse delle spirali. La loro forma ellissoidale può essere più elongata, come quella di un pallone da rugby (la galassia è in questo caso chiamata *ellittica prolata*), o appiattita come un cuscino (*oblata*). Questi oggetti sono composti principalmente da stelle vecchie, di colore rossastro. A differenza delle spirali, le ellittiche hanno pochi gas e polveri. Inoltre, le ellittiche sono raramente sistemi in rotazione: le stelle che le compongono non ruotano necessariamente tutte intorno allo stesso asse, come nelle spirali, ma si muovono in modo caotico (senza direzione preferenziale), con velocità che possono superare i 300 km/s nelle galassie più massicce (capitolo 4). M87 e NGC 1316 (Figure 1.8 e 1.9) sono esempi di galassie ellittiche, anche se nel caso di NGC 1316 sono ben evidenti tracce di polveri (ed è un fatto abbastanza inconsueto).

Al centro degli ammassi di galassie esistono galassie ellittiche giganti, decisamente più grandi delle ellittiche normali perché probabilmente formate dalla fusione di svariati sistemi minori (capitoli 5, 6). Tali galassie ellittiche giganti sono generalmente indicate come cD. Le due galassie NGC 4889 e NGC 4874 al centro dell'ammasso della Chioma di Berenice (Figura 6.16) ne sono esempi tipici.

Come per le galassie a spirale, qualche migliaio di ammassi globulari gravita intorno alle galassie ellittiche: il numero dipende principalmente dalla dimensione della galassia alla quale appartengono, ed è più elevato nelle galassie più massicce.

◀ **Figura 1.7** La galassia barrata NGC 1365, nell'ammasso della Fornace (ESO). La barra è la struttura orizzontale che attraversa il nucleo, la regione più brillante al centro della galassia. I bracci a spirale partono dall'estremità della barra e si estendono a sud o a nord della galassia.

▲▶ **Figure 1.8 e 1.9** Immagini ottiche delle galassie ellittiche M87 (CFHT), nell'ammasso della Vergine, e NGC 1316 (HST). Il colore giallo-rossastro indica che questi oggetti sono principalmente composti da stelle vecchie (capitolo 2). Le regioni scure di NGC 1316 segnalano la presenza di polvere interstellare, generalmente rara in questo tipo di oggetti. M87 è mostrata anche nelle Figure 1.36 e 4.6.

1.3. **Le galassie lenticolari**

Le galassie lenticolari costituiscono una classe intermedia tra le ellittiche e le spirali. Come indicato dal nome, hanno una forma a lente, piuttosto appiattita, come se fossero costituite dall'unione di un *bulge* e di un disco delle spirali, ma senza traccia di bracci. Come le ellittiche, sono composte da stelle vecchie, di colore rossastro, e contengono generalmente poco gas e polvere, pur con qualche evidente eccezione, come nel caso di M104, più comunemente nota come galassia Sombrero (Figura 1.10).

▲ **Figura 1.10** Immagine ottica della galassia lenticolare M104, più comunemente nota come Sombrero, a causa della peculiare morfologia (HST). Il disco della galassia è facilmente riconoscibile grazie alla presenza di polvere interstellare (banda scura); il *bulge* è la struttura estesa che avvolge tutta la galassia.

Non è ancora del tutto chiaro se questi oggetti hanno una rotazione globale ordinata, come le spirali, oppure se, come nelle ellittiche, le loro stelle sono soggette a moti caotici. Come le ellittiche e le spirali, anche le lenticolari sono circondate da ammassi globulari.

1.4. Le galassie irregolari e le galassie nane

Esistono anche oggetti, caratterizzati da una forma particolarmente irregolare, che non rientrano nelle classi morfologiche precedentemente descritte. Nel caso in cui le dimensioni siano significativamente più piccole di quelle delle galassie normali, questi oggetti vengono genericamente classificati come *galassie irregolari nane*. Le loro dimensioni lineari possono essere anche dieci volte minori di quelle delle galassie massicce, e mille volte minore può essere il contenuto di stelle.

Le galassie nane possono essere suddivise in tre diverse categorie: le *irregolari magellaniche* (indicate con il codice Im), simili alle Nubi di Magellano (capitolo 6), sono caratterizzate da una morfologia assai irregolare e da una debole brillanza superficiale. Esempi di galassie nane appartenenti a questa categoria sono IC10, NGC 6822 e NGC 1427A, riprodotte nelle Figure 1.11, 1.12 e 1.13.

Le *galassie blu compatte* (indicate con il codice BCD, *Blue Compact Dwarf*) sono oggetti estremamente compatti ad alta brillanza superficiale. Le Im e le BCD vanno soggette a una rotazione relativamente ordinata, sono ricche di gas e attive in formazione stellare, in particolare nei sistemi ove la densità stellare è più elevata. IZw18 viene assunto come il prototipo delle galassie BCD (Figura 1.14).

Esiste anche una categoria di galassie di piccole dimensioni dalla forma ellittica: come le loro controparti brillanti, sono inattive, povere di gas e di regioni di formazione stellare, con una morfologia spiccatamente simmetrica, ma di scarsa brillanza superficiale. Sono chiamate *galassie ellittiche nane* e sono indicate con la sigla dE (*dwarf elliptical*). La galassia Antlia (Figura 1.15) fa parte di questa categoria.

Come le spirali e le ellittiche giganti, anche le ellittiche nane sono circondate da ammassi globulari, ma in numero notevolmente ridotto.

IC 10
NGC 6822

▲◀ Figure 1.11, 1.12 e 1.13 Le galassie irregolari magellaniche IC 10, NGC 6822 e NGC 1427A (ripresa HST) derivano la loro denominazione dalla forma estremamente asimmetrica che presentano. Le zone più condensate e compatte sono regioni di formazione stellare, indicate anche come regioni HII (capitolo 3). Queste galassie sono composte da una popolazione stellare molto giovane. IC 10 e NGC 6822, qui riprese con l'Isaac Newton Telescope (La Palma, Canarie), vengono mostrate in falsi colori per mettere meglio in evidenza le diverse strutture che vi sono presenti. I colori di NGC 1427A sono più vicini alla realtà: l'azzurro-viola delle regioni di formazione stellare segnala la presenza di stelle molto giovani e calde.

▲ **Figura 1.14** La galassia blu compatta (BCD) IZw18 ripresa dal Telescopio Spaziale "Hubble" (HST). La galassia è costituita da due vaste regioni di intensa formazione stellare, collocate ai suoi due estremi, popolate da stelle giovani, come segnalato dalla colorazione azzurrina e dalla presenza di gas atomico. L'oggetto in alto si ritiene sia una galassia nana satellite di IZw18.

▲ **Figura 1.15** L'ellittica nana Antlia, appartiene al Gruppo Locale (ESO). La galassia è composta principalmente da stelle giallo-rossastre e quindi particolarmente evolute. La debole brillanza superficiale rende questi oggetti estremamente difficili da osservare. Le stelle più brillanti presenti in quest'immagine non appartengono ad Antlia, ma alla nostra Via Lattea.

1.5. Lo schema di classificazione di Hubble

Allo scopo di classificare la morfologia delle galassie, gli astronomi hanno adottato uno schema che potrebbe, almeno in parte, riflettere il processo della loro formazione e della successiva evoluzione. Questa *classificazione di Hubble,* come viene chiamata, è rappresentata nella Figura 1.16. Le galassie ellittiche vengono distinte in diverse sotto-classi a seconda del loro grado di appiattimento (da E0 per gli oggetti rotondi a E7 per quelli più appiattiti). Le spirali vengono classificate in due sottoclassi maggiori, quella delle spirali normali e quella delle spirali barrate: queste ultime si distinguono dalle altre per la presenza di una barra che attraversa la regione del nucleo e che può essere più o meno pronunciata.

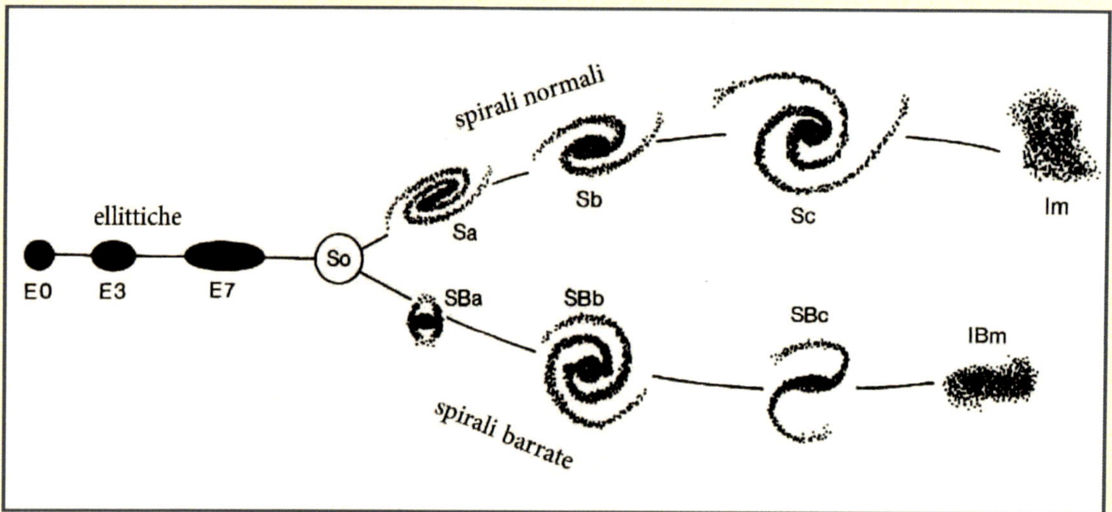

▲ **Figura 1.16** Lo schema di classificazione morfologica delle galassie proposto da E. Hubble nel 1936. Le galassie ellittiche (E) sono distinte dalle spirali (normali, S, o anche SA, e barrate, SB). Le galassie lenticolari (SO) sono una classe intermedia tra le ellittiche e le spirali. Il numero che segue la lettera E, da 0 a 7, quantifica il grado di ellitticità di questi oggetti: 0 indica le galassie di forma sferica, 7 gli oggetti di forma molto elongata. Le lettere *a, b, c* (a cui più tardi si sono aggiunte *d* e *m*) delle spirali indicano l'importanza del *bulge* e il grado di apertura dei bracci a spirale (le Sa hanno il rigonfiamento centrale più pronunciato e i bracci meno aperti che le Sc).

Le due famiglie delle spirali normali e barrate sono divise a loro volta in sottoclassi per formare una sequenza che va dalle Sa o SAa ("S" sta per spirale, "a" per la prima sottoclasse; "A" indica la mancanza della barra) o dalla SBa ("B" indica la presenza della barra) fino alle Sc (o SBc per le barrate) a seconda dell'importanza del *bulge* e del grado di apertura dei bracci a spirale. Nelle Sa il *bulge* è dominante e i bracci a spirale sono molto chiusi e poco pronunciati, mentre nelle Sc (più ancora nelle Sd o Sm, non indicate in Figura 1.16, fino alle Im e IBm), il *bulge* è virtualmente assente e i bracci a spirale sono molto aperti e vistosi.

Seguendo questa classificazione, proposta originariamente da Edwin Hubble, gli astronomi hanno definito alcune classi intermedie per le spirali, come Sab, Sbc e Scd. Per meglio illustrare la classificazione, mostriamo immagini relative a galassie a spirale normali (si veda anche la Tabella 1.1). Le figure mostrano una sequenza di spirali viste di fronte (Figure 1.17-1.21) e di taglio (Figure 1.22-1.24).

Se l'apertura e la taglia crescente dei bracci a spirale, passando dalle Sa alle Sd, può essere apprezzata solamente nelle immagini delle galassie che vediamo di fronte, l'importanza decrescente del *bulge* può essere colta anche nelle immagini delle galassie viste di taglio.

NGC 1300 e M109 (Figure 1.25 e 1.26) sono esempi di galassie barrate di tipo più tardo che NGC 1365 (si definiscono "dei primi tipi" le galassie più a sinistra nel diagramma di Hubble, come le ellittiche, e "degli ultimi tipi" o "dei tipi tardi" quelle a destra; tra le spirali, le Sa sono dei primi tipi e le Sc-Sd degli ultimi).

Le galassie barrate sono oggetti relativamente frequenti: circa un terzo delle galassie a spirale sembrano infatti avere una barra ben definita. Inoltre, molte galassie apparentemente normali, come M100 (Figura 4.6) o M83 (Figura 1.3), presentano una piccola barra al centro e costituiscono perciò una classe intermedia tra le spirali normali e le barrate. Questa categoria intermedia, che contiene circa un altro terzo delle spirali, è spesso indicata come SAB. In realtà, esiste una certa continuità tra le spirali normali e le barrate, e quindi la vecchia suddivisione tra le due categorie potrebbe ritenersi in parte superata.

NGC 7742

▲ ▶ Figure 1.17-1.21 Immagini ottiche di cinque galassie a spirale di tipo morfologico crescente, viste di fronte. Sa: NGC 7742 (HST); Sb: M66 (CFHT); Sc: NGC 253 (CFHT); Scd: NGC 2403 (Subaru) e Sd: NGC 300 (ESO).

M66

NGC 253

NGC 2403

▶ **Figure 1.22-1.24** Tre galassie a spirale di tipo morfologico crescente, viste di taglio. Sa: NGC 7814 (CFHT); Sb: NGC 4565 (CFHT) e Scd: NGC 4945 (ESO). Si noti come l'importanza del *bulge* vada calando passando dalle Sa alle Scd. Anche se NGC 4945 non si presenta perfettamente di taglio, sembra di capire che sia costituita da un disco senza alcun rigonfiamento centrale.

NGC 7814

NGC 4565

NGC 4945

NGC 1300

M109

Tabella 1.1 Classificazione morfologica delle galassie

Galassie viste di fronte		Galassie irregolari	
galassia	**tipo morfologico**	NGC 6822	IBm
NGC 7742	Sa	NGC 1427A	IBm
M66	Sb	IC10	Im/BCD
NGC 2403	Scd	IZw18	BCD
NGC 300	Sd	**Galassie nane ellittiche e sferoidali**	
Galassie viste di taglio		Antlia	dE
NGC 7814	Sab	**Galassie ad anello**	
NGC 891	Sb	AM0644-741	*Ring*
NGC 4565	Sb	Oggetto di Hoag	*Ring*
NGC 4945	Scd	NGC 4650A	*Polar Ring*
Galassie barrate		**Galassie attive**	
NGC 1365	SBb	M82	*Starburst*
NGC 1300	SBbc	NGC 4038/39 (Antennae)	*Starburst*
M109	SBc	3C 334	QSO
Altre galassie a spirale		M87	Radiogalassia (E)
M101	Scd	Centaurus A	Radiogalassia (E)
M83	Sc	0313-192	AGN
Galassie ellittiche		NGC 4151	Seyfert 1 (Sab)
M87	E0	NGC 1068	Seyfert 2 (Sb)
NGC 1316	E0		
Galassie lenticolari			
M104	S0		

1.6. Le galassie ad anello

Anche se rare, esistono altri tipi di galassie con morfologie particolarmente strane che non vengono incluse nelle categorie delle ellittiche, delle lenticolari o delle spirali. Le galassie ad anello (indicate con la sigla *Ring*) ne sono un esempio tipico. Queste galassie, come l'Oggetto di Hoag o AM0644-741 (Figure 1.27 e 1.28), sono generalmente caratterizzate da un anello di stelle relativamente giovani situate intorno a un nucleo o a un *bulge*, questi ultimi composti principalmente da stelle vecchie. Quando l'orientazione del piano del *bulge* è perpendicolare a quella del piano dell'anello, come nel caso di NGC 4650A (Figura 1.29), la galassia ha una morfologia denominata ad anello polare (*Polar Ring*).

▲ ▶ **Figure 1.27 e 1.28** Le galassie Oggetto di Hoag (HST) e AM0644-741 (HST) sono esempi tipici di galassie ad anello.

37
AM0644-741

◀ **Figura 1.29** La galassia ad anello polare NGC 4650A (HST). Il *bulge* al centro della galassia è composto principalmente da stelle vecchie, come indicato dal loro colore giallo, mentre l'anello (che in questa galassia è visto di taglio) ospita soprattutto stelle giovani azzurre: si possono distinguere anche alcune regioni HII di formazione stellare. L'asse principale del *bulge*, che corre nella direzione destra-sinistra, è perpendicolare al piano dell'anello.

▶ **Figura 1.30** La galassia *starburst* M82 (Subaru) evidenzia l'emissione di luce azzurrina da un disco di stelle relativamente giovani, e di luce rossa dal gas ionizzato che si estende ben all'esterno del disco stellare. Il gas è ionizzato dal flusso ultravioletto proveniente dalle stelle più giovani che si stanno formando al centro della galassia. Queste stelle non possono essere direttamente osservate in un'immagine ottica come questa, a causa della forte estinzione della luce dovuta alla polvere interstellare.

1.7. **Le galassie attive**

Esiste, tra le galassie, una categoria di oggetti che si distinguono per un'attività nucleare particolarmente marcata, ossia per un'intensa emissione d'energia dalla regione centrale. Tutti questi oggetti vengono collettivamente denominati galassie attive, nonostante la loro natura possa essere assai diversa: per esempio, nelle galassie *starburst* l'attività è dovuta a tassi elevatissimi di formazione stellare, mentre negli AGN (*Active Galactic Nuclei*) è dovuta all'accrescimento di materia da parte di un buco nero situato nel nucleo della galassia.

Le galassie *starburst*

Le galassie *starburst*, caratterizzate da una marcata attività di formazione stellare, non presentano una morfologia immediatamente classificabile in modo univoco. Alcune, come M82 (Figura 1.30), sono galassie a spirale con una morfologia perturbata. Altre, come le Antennae (Figure 1.31, 2.18 e 5.8), sono sistemi binari, probabilmente composti da due galassie a spirale in fase di fusione, nei quali l'interazione gravitazionale tra le due componenti innesca un'intensa attività di formazione stellare (capitolo 5). In generale, si tratta di sistemi ricchi di gas atomico e molecolare nei quali la nascita di nuove stelle procede a ritmi estremamente elevati: i tassi di formazione stellare possono giungere a valori fino a mille volte maggiori di quelli delle spirali normali di dimensioni comparabili.

▲ **Figura 1.31** Il sistema in interazione delle Antennae, composto da due galassie a spirale (NGC 4038 e NGC 4039) sul punto di fondersi in una (ESO). Le due galassie sono ancora ben distinte e riconoscibili, una in alto e l'altra in basso nell'immagine, e si possono facilmente individuare i loro nuclei, le regioni più dense e giallastre. Le "macchie" di colore blu sono regioni di formazione stellare, mentre le strutture filamentose scure indicano la presenza di polvere interstellare. La regione più attiva nella formazione stellare è quella dove i due dischi si sovrappongono e può essere osservata solo nell'infrarosso a causa dell'enorme attenuazione subita dalla luce visibile. Altre immagini di questa coppia di galassie si trovano in Figura 2.18 e 5.8.

Come vedremo nei capitoli seguenti, l'intensa attività di formazione stellare, probabilmente innescata dal collasso di nubi di gas a seguito dell'interazione gravitazionale tra i due sistemi in collisione, produce anche consistenti quantità di polveri che si diffondono nello spazio nelle fasi finali di vita delle stelle più massicce. Questa polvere, che si concentra soprattutto nelle regioni di formazione stellare, ha una densità tale da assorbire efficacemente la maggior parte della luce visibile emessa dalle stelle. Per questo motivo, succede anche che vi siano oggetti, a volte non identificabili nelle immagini ottiche, che emettono energia principalmente nell'infrarosso (capitolo 2). Tra questi, i più estremi sono detti ULIRG (*Ultra Luminous Infrared Galaxies*, o galassie ultra-luminose in infrarosso), come Arp 220, la cui distribuzione spettrale di energia è mostrata in Figura 2.17.

Questi oggetti, relativamente rari nell'Universo locale, sembra che fossero assai più frequenti nel lontano passato, come ci indicano le osservazioni dell'Universo remoto (ricordiamo che le sorgenti che osserviamo, quanto più sono lontane da noi nello spazio, tanto più lo sono anche nel tempo). Probabilmente, la maggiore densità dell'Universo nel passato, e quindi la minore distanza media tra le galassie, faceva sì che la probabilità d'interazione fosse più elevata allora che all'epoca attuale (capitolo 7).

Gli oggetti quasi stellari (QSO) e le galassie di Seyfert

Esistono sistemi di taglia galattica che appaiono otticamente puntiformi e che, a prima vista, possono essere confusi con normali stelle: da qui il nome di *quasar*, contrazione di *quasi star*, o di *Quasi Stellar Objects*, il cui acronimo QSO viene spesso utilizzato. La sorgente 3C 334 ne è un esempio (Figura 1.32). Lo spettro dei QSO mostra tuttavia che questi oggetti sono di natura extragalattica, esterni alla nostra Galassia e parecchio lontani: la loro piccola dimensione angolare è dovuta al fatto che, sebbene estese, queste sorgenti sono troppo lontane perché sia possibile risolverle.

Come gli AGN, anche i QSO sono galassie con un'attività nucleare ben marcata. Quando vengono osservati nelle onde radio, spesso mostrano d'essere più estesi che nell'ottico: possono infatti presentare radiolobi molto ampi, associati a un nucleo intenso e compatto, spesso collegati ad esso da getti molto intensi, testimoni di una poderosa attività energetica, come nel caso di 3C 334 (Figura 1.32).

Per calcolare quanto siano intrinsecamente luminosi, è necessario disporre di una misura della loro distanza. Questa può essere determinata dallo spostamento verso il

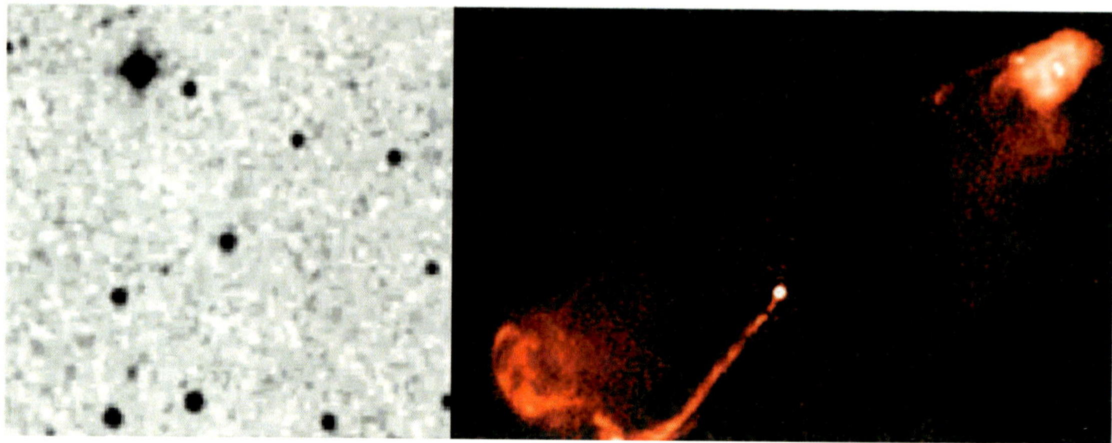

▲ Figura 1.32 Il quasar 3C 334 (DSS, a sinistra) appare praticamente puntiforme in un'immagine ottica. Nelle onde radio, nel continuo a 6 cm (VLA, a destra), si rivela invece la presenza di un nucleo e di due getti simmetrici estremamente estesi.

rosso di alcune righe di emissione nel loro spettro (capitolo 4). Quando si combina tale misura con il flusso radio o X che possiamo rilevare con un radiotelescopio o con un satellite ci si rende conto che i QSO sono tra gli oggetti più luminosi che esistono nell'Universo. Essendo però anche di piccole dimensioni, si deve dedurre che la sorgente d'energia capace di sprigionare una tale luminosità dev'essere estremamente efficiente. Il processo di fusione nucleare, come quello che permette alle stelle di brillare durante tutta la loro esistenza, non è in grado di giustificare una tale potenza. Per questa ragione, gli astronomi si sono convinti del fatto che i QSO devono ospitare un buco nero al loro centro e che l'energia rilasciata scaturisce dalla caduta di materia verso di esso.

Passando attraverso gli AGN, troviamo tutti i casi intermedi tra le galassie ordinarie e i QSO. Anche le galassie di Seyfert fanno parte della famiglia delle galassie attive. Si tratta di galassie normali all'apparenza, come si potrebbe giudicare dalla loro immagine ottica, ma con un nucleo molto energetico, riconoscibile come tale da alcune strutture particolari nello spettro ottico o da una forte attività nel dominio delle onde radio. La galassia 0313-192 (Figura 1.33) ne è un tipico esempio: se otticamente appare come una galassia a spirale normale vista di taglio, la sua emissione radio segnala un getto che esce dal nucleo, con due lobi molto pronunciati ed estesi lungo l'asse perpendicolare al piano del disco. Questa attività radio molto marcata testimonia la presenza di un nucleo attivo al centro della galassia.

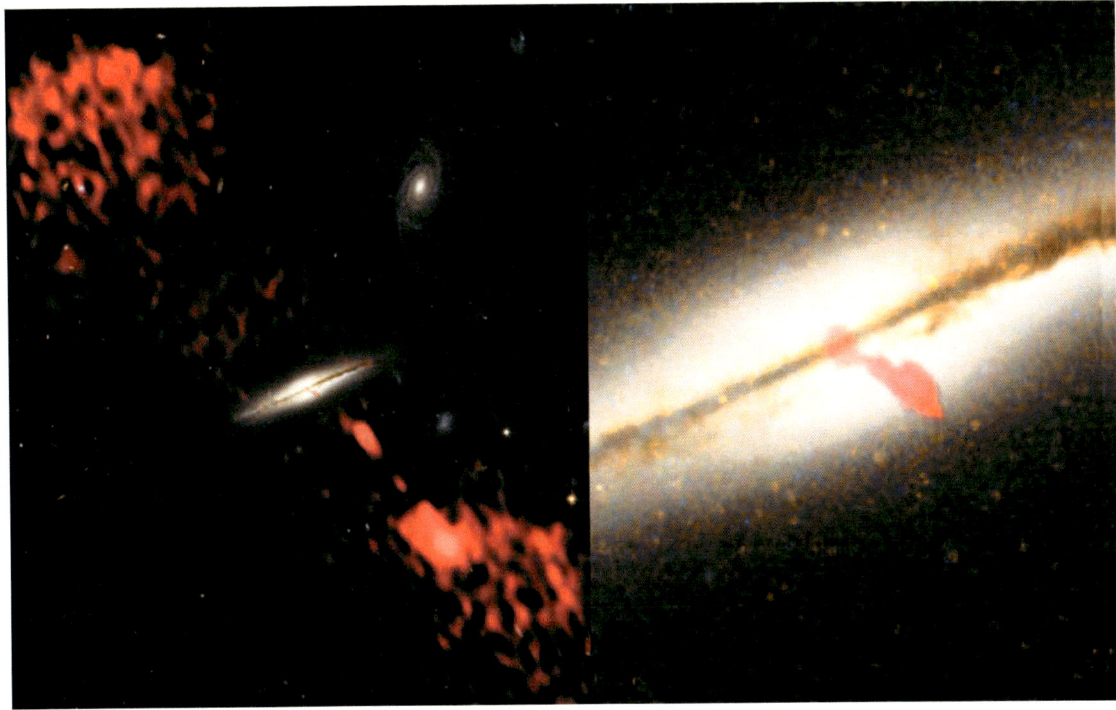

▲ **Figura 1.33** L'AGN 0313-192 in ottico (HST; a destra e nel centro dell'immagine a sinistra) e nel continuo radio (VLA; in rosso). L'immagine ottica, bianco-giallastra, è quella di una galassia a spirale normale vista di taglio (la piccola galassia in alto, nell'immagine di sinistra, è un oggetto di fondo). L'immagine radio rivela che l'emissione in questa banda è molto estesa (circa tre volte più del diametro ottico) ed è disposta su un asse perpendicolare al piano della galassia. Ad alta risoluzione, possiamo vedere un getto radio che esce dal nucleo della galassia.

Ci sono differenze tra le galassie di Seyfert: per esempio, le Seyfert 1, il cui prototipo è NGC 4151, hanno nuclei molto simili a quelli dei quasar e sono caratterizzate dallo stesso profilo delle righe di emissione dei QSO (righe allargate); hanno però un'attività nelle onde radio relativamente debole. Lo spettro visuale di NGC 4151 è mostrato in Figura 1.34. Si può notare che la riga Hα dell'idrogeno a 6563 Å, combinata con il doppietto dell'azoto [NII], è molto più larga rispetto alle righe di emissione tipiche delle galassie a spirale.

Al contrario, le galassie di Seyfert 2, come NGC 1068 (Figura 1.35), non hanno righe di emissione allargate, ma un'attività nucleare assai importante.

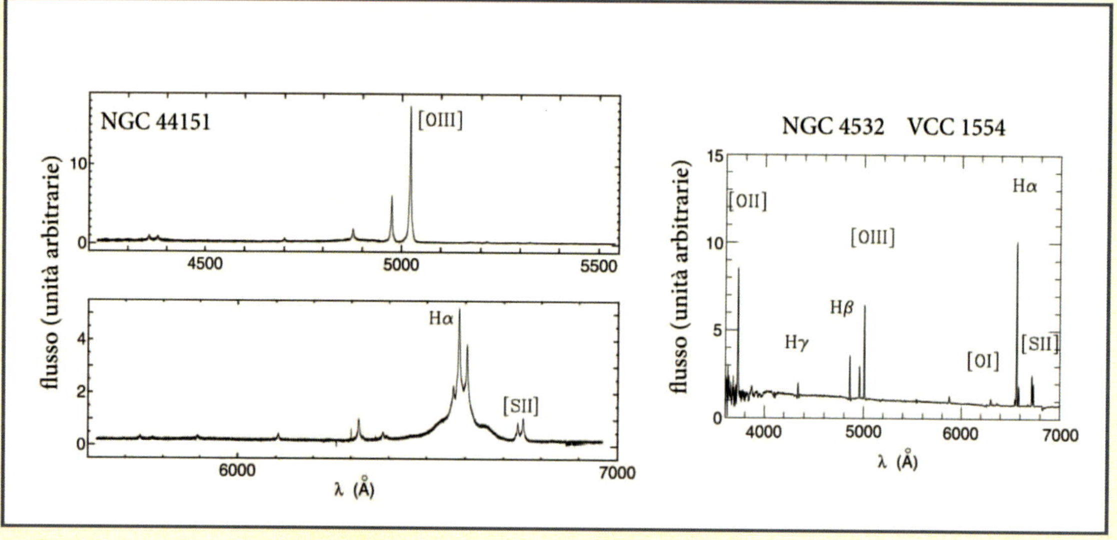

▲ Figura 1.34 Lo spettro ottico di una galassia di Seyfert 1, come NGC 4151 (a sinistra), è caratterizzato da righe di emissione molto più larghe di quelle di una galassia a spirale normale di tipo morfologico simile (a destra).

Le radiogalassie

Le radiogalassie, come suggerisce il nome, sono galassie estremamente attive nelle onde radio. La loro morfologia ottica è spesso normale, mentre spettacolari sono le forme nelle mappe radio. La galassia ellittica M87, al centro dell'ammasso della Vergine, è uno di questi oggetti. In ottico si scorge una galassia ellittica normale, senza alcuna particolarità evidente (Figura 1.36). Se però osserviamo nel continuo radio alla lunghezza d'onda di 20 cm la galassia ha una morfologia completamente diversa: al centro si nota un nucleo molto luminoso, da cui parte un getto in direzione ovest-nordovest (verso destra, nell'immagine), e un'emissione diffusa principalmente lungo l'asse che nell'immagine corre da sinistra a destra. Possiamo intravedere in un'immagine di breve esposizione nel visuale la controparte ottica del getto radio. Alla lunghezza d'onda di 90 cm, la morfologia della galassia è ancora più spettacolare: l'emissione radio è enormemente più estesa (la piccola areola triangolare arancione al centro dell'immagine corrisponde alla regione sede dell'emissione a 20 cm), e piuttosto allungata lungo l'asse nord-sud (dall'alto al basso), anche se la parte più intensa è lungo l'asse est-ovest (da sinistra a destra). Il getto e l'emissione diffusa sono visibili anche nell'immagine X ottenuta dal satellite Chandra.

▲ **Figura 1.35** La galassia di Seyfert 2 NGC 1068 (M77) ha una morfologia nell'ottico tipica di una galassia a spirale normale (NOAO).

Un altro esempio è la galassia ellittica Centaurus A (Figura 1.37). La sua immagine ottica è tipica di una galassia ellittica normale, ma con una fascia di polveri spettacolare. Questa fascia è evidente nell'immagine infrarossa ottenuta dal satellite americano Spitzer. Nel continuo radio, al contrario, la galassia ha un nucleo centrale e un'emissione molto estesa lungo l'asse perpendicolare al piano delle polveri, nella direzione nord-sud. La morfologia radio è quindi totalmente diversa da quella ottica.

L'origine della forte attività radio delle radiogalassie come M87 e Centaurus A sembra essere dovuta a un nucleo attivo in cui è presente un buco nero di grande massa.

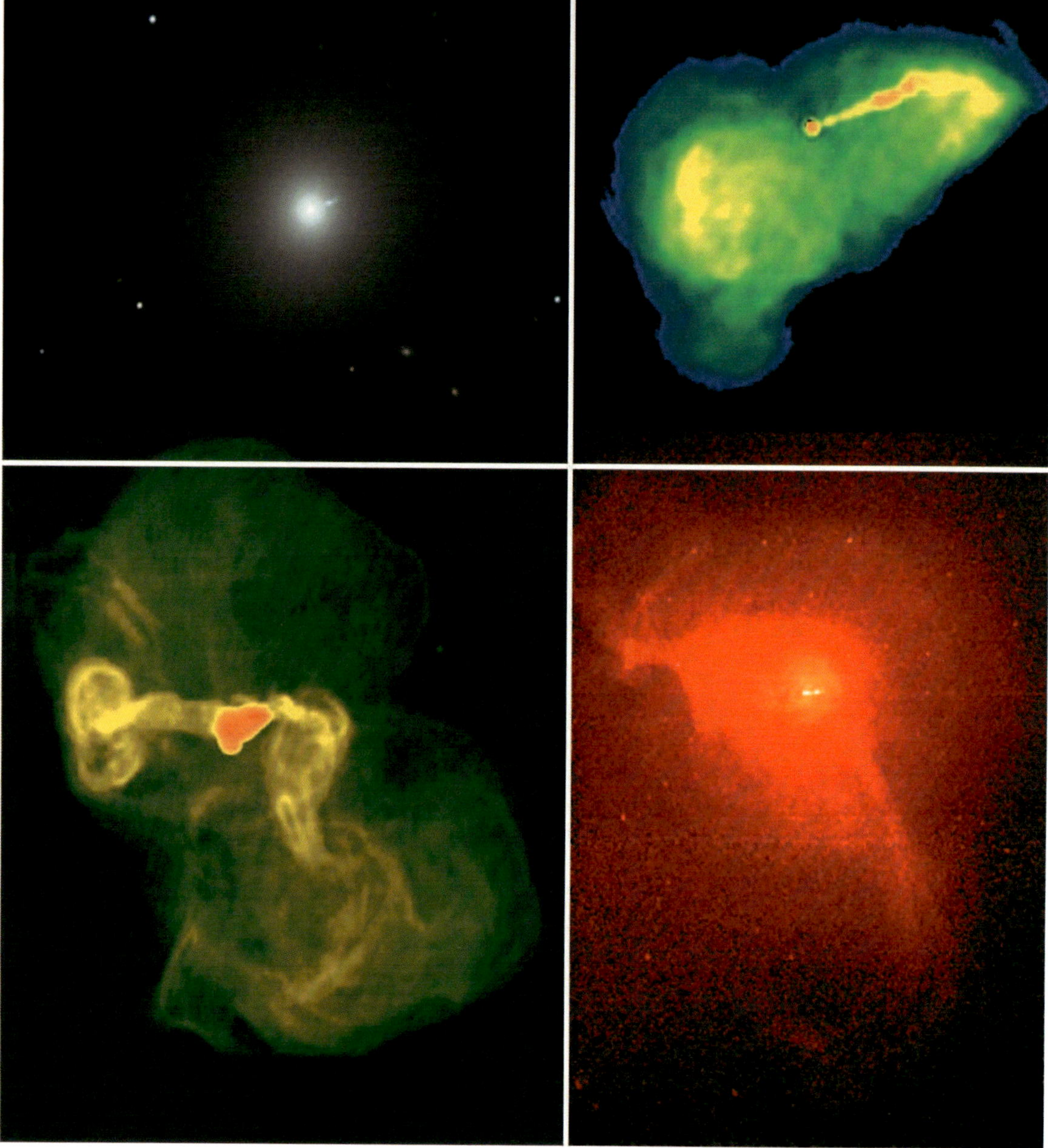

▲ **Figura 1.36** La radiogalassia Virgo A (M87) al centro dell'ammasso della Vergine. L'immagine ottica (in alto a sinistra) è quella tipica di una galassia ellittica normale (Figura 1.8 e 4.6), che però mostra anche la presenza di un getto fuoriuscente dal centro (appena a destra del nucleo). Osservata nel continuo radio a lunghezze d'onda centimetriche, la galassia ha una morfologia sensibilmente diversa: l'immagine ottenuta presso il radiointerferometro VLA a 20 cm (in alto a destra) mostra un nucleo molto compatto al centro e un getto esteso alla destra del nucleo, il tutto incluso in un'ampia zona caratterizzata da un'emissione diffusa. Alla lunghezza d'onda radio di 90 cm, l'immagine della stessa galassia (in basso a sinistra) mostra che il getto giunge fino a circa 100 mila anni luce dal nucleo (la regione arancione al centro corrisponde a quella emittente a 20 cm dell'immagine precedente). Si può notare che il getto si estende anche sulla sinistra del nucleo e che l'emissione diffusa è molto più estesa che nell'immagine a 20 cm. L'immagine a raggi X ottenuta dal satellite Chandra (in basso a destra) mostra sia l'emissione nucleare che l'emissione diffusa di M87.

▶ **Figura 1.37** La radiogalassia Centaurus A. L'immagine in ottico (in alto) mostra una galassia ellittica con una fascia di polveri che assorbe la luce emessa dalle stelle retrostanti. La stessa galassia osservata in infrarosso dal satellite Spitzer (al centro) mostra la sola fascia di polvere, vista questa volta in emissione. Nell'immagine nel continuo radio a 20 cm (VLA, in basso) si nota la presenza di due getti estremamente estesi (quasi 500 mila anni luce) diretti lungo l'asse perpendicolare al piano della polvere. I getti testimoniano la presenza di un nucleo attivo al centro della galassia.

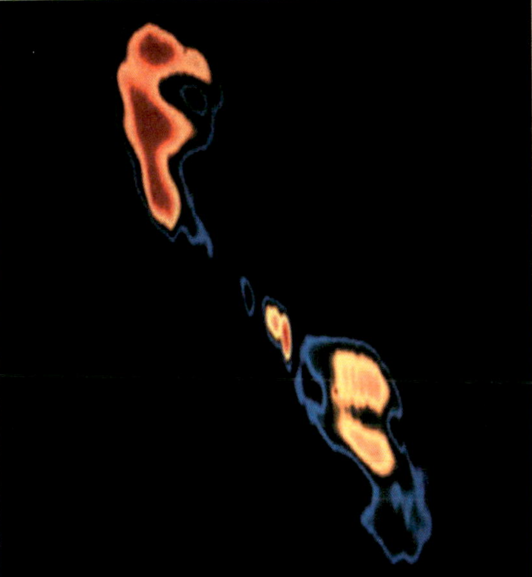

2. **I processi di emissione**

Per comprendere la natura delle galassie, dobbiamo innanzitutto conoscere la composizione della loro materia, per poi studiare come le diverse componenti interagiscono tra di esse per dare vita agli oggetti che abbiamo appena descritto. La conoscenza della fisica fondamentale ci aiuta in questo esercizio. Sappiamo infatti che ogni componente (gas, stelle, polvere…) può essere osservata perché emette onde elettromagnetiche secondo processi fisici le cui caratteristiche dipendono strettamente dalla natura delle sorgenti e dalle condizioni in cui si trova la materia emittente. La composizione e le condizioni fisiche delle galassie possono quindi essere studiate attraverso un'analisi del loro spettro elettromagnetico.

2.1. **Lo spettro elettromagnetico**

Tutti noi abbiamo avuto occasione di osservare lo spettro del Sole quando è presente in cielo un arcobaleno: la luce della nostra stella viene infatti dispersa nei diversi colori quando attraversa le gocce d'acqua in sospensione nelle nuvole cariche di pioggia. Lo "spettro" di una sorgente luminosa è proprio questo: la dispersione delle varie componenti cromatiche presenti nella luce da essa emessa. Il fenomeno è dovuto al fatto che la luce è un'onda elettromagnetica. A ogni colore corrisponde una lunghezza d'onda. L'occhio umano è sensibile alle lunghezze d'onda comprese tra 3500 e 7000 Ångstrom (questa misura è la distanza tra due picchi successivi di un'onda; l'Ångstrom corrisponde a 10^{-8} cm). Nei colori dell'arcobaleno, il

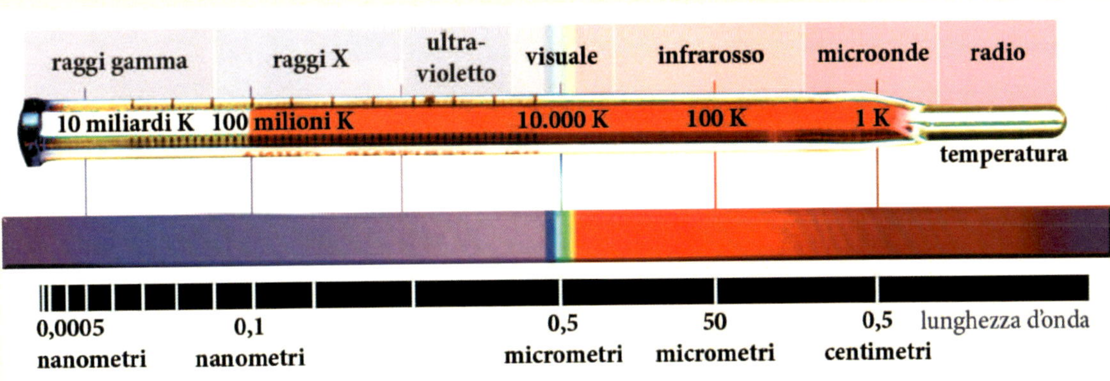

▲ **Figura 2.1** Rappresentazione grafica dello spettro elettromagnetico. In questa immagine, la lunghezza d'onda λ cresce da sinistra a destra, da 0,0005 nanometri ($5 \cdot 10^{-11}$ cm) fino a 0,5 cm, cioè dai raggi gamma fino alle onde radio centimetriche, passando per i raggi X, l'ultravioletto, il visibile, l'infrarosso e le onde radio millimetriche. La finestra visuale, indicata nella figura dai colori dell'arcobaleno, dove l'occhio umano è sensibile, copre una frazione molto limitata dello spettro, tra 3500 e 7000 Å ($3,5 - 7 \cdot 10^{-5}$ cm). L'energia dei fotoni dello spettro elettromagnetico decresce al crescere della lunghezza d'onda (i fotoni gamma e X sono molto più energetici che i fotoni radio). Nel caso dell'emissione di corpo nero (vedi testo), la lunghezza d'onda della radiazione è direttamente legata alla temperatura del corpo emittente. È tanto più corta quanto più il corpo è caldo.

rosso ha una lunghezza d'onda (λ) di circa 6500-7000 Å, mentre il viola di circa 3500 Å. Il Sole, come tutte le altre stelle, emette anche in altri intervalli di lunghezze d'onda, come nell'infrarosso e nel radio, a lunghezze d'onda ben maggiori, e nell'ultravioletto, nei raggi X e nei raggi gamma, a lunghezze d'onda sensibilmente più piccole che nell'ottico, come indicato in Figura 2.1. La Tabella 2.1 riporta le lunghezze d'onda medie per ogni banda dello spettro elettromagnetico. Anche se l'occhio non è sensibile alle onde elettromagnetiche al di fuori della banda visuale, abbiamo saputo costruire strumenti capaci di rivelare la radiazione emessa a tutte le lunghezze d'onda.

Lo spettro di una galassia, come quello di qualsiasi tipo di sorgente d'emissione, può essere ottenuto facendo passare la luce attraverso un elemento dispersivo (per esempio, un prisma, un blocco di vetro di sezione triangolare, come quello riprodotto sulla copertina del famoso disco dei Pink Floyd *The Dark Side of the Moon*). La luce, quando attraversa un mezzo come l'acqua o il vetro di un prisma, piega la sua direzione di propagazione di un angolo diverso a seconda della particolare lunghezza d'onda (Figura 2.2). Le gocce d'acqua, dunque, con l'arcobaleno, rivelano lo spettro del Sole.

Tabella 2.1 **Lo spettro elettromagnetico delle galassie**

regione spettrale	lunghezza d'onda (cm)	componente galattica	strumento	
raggi X	$< 10^{-6}$	stelle binarie	satellite	XMM, ROSAT, Chandra
ultravioletto	$10^{-6} - 3{,}5{\cdot}10^{-5}$	stelle giovani	satellite	GALEX, HST, FUSE
visibile	$3{,}5 - 7{,}0{\cdot}10^{-5}$	stelle	telescopio	CFHT, ESO, NOAO, Subaru
vicino infrarosso	$7{,}0{\cdot}10^{-5} - 10^{-3}$	stelle vecchie	telescopio	CFHT, ESO, NOAO, Subaru
lontano infrarosso	$10^{-3} - 5{\cdot}10^{-2}$	polvere calda	satellite	IRAS, ISO, Spitzer
radio millimetrico	$5{\cdot}10^{-2} - 0{,}5$	polvere fredda	radiotelescopio	IRAM, BIMA
radio centimetrico	$0{,}5 - 100$	elettroni relativistici in campi magnetici	radiotelescopio	Arecibo, VLA

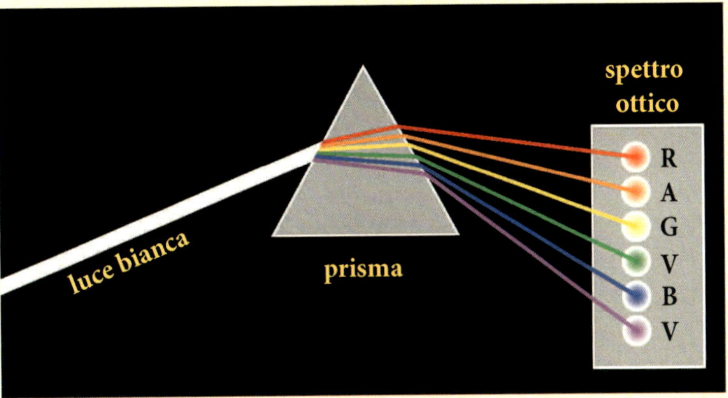

▶Figura 2.2 Uno spettro ottico viene ottenuto facendo passare un fascio collimato di luce bianca attraverso un prisma (elemento dispersivo). In virtù dell'angolo di rifrazione, che è diverso a seconda della lunghezza d'onda, la luce uscente è dispersa in tutte le sue componenti cromatiche.

La Figura 2.3 mostra che non tutte le onde elettromagnetiche possono essere osservate dal suolo, perché sono assorbite dall'atmosfera in alcuni intervalli di lunghezza d'onda. Se le onde radio possono raggiungere la superficie della Terra e quindi essere raccolte dai radiotelescopi, quelle emesse nel medio e lontano infrarosso, nell'ultravioletto, nella regione dei raggi X e gamma possono essere osservate solamente ponendo gli strumenti al di fuori dell'atmosfera per mezzo di satelliti o di palloni sonda. L'atmosfera è un filtro efficace capace di assorbire la radiazione elettromagnetica emessa da diversi corpi celesti. Anche la luce visibile che viene emessa dal Sole, dalle stelle o dalle galassie è parzialmente assorbita dall'atmosfera. Inoltre, la turbolenza atmosferica causa minuscole e caotiche rifrazioni del fascio luminoso in arrivo da sorgenti puntiformi come le stelle, e può quindi degradare le immagini, rendendole poco nitide, quando si utilizzano tempi di posa relativamente lunghi. Il degrado delle immagini è chiamato in gergo scientifico *seeing*. Il fenomeno che abbiamo appena descritto può essere osservato anche a occhio nudo nelle notti stellate in presenza di vento, quando le immagini delle stelle scintillano, ossia sembrano "lampeggiare". Per queste ragioni, gli astronomi collocano i telescopi in siti d'alta quota, dove è minimo lo spessore dell'atmosfera che la luce proveniente dai corpi celesti deve attraversare.

2.2. L'emissione del continuo

Lo spettro elettromagnetico degli oggetti celesti è generalmente composto da un continuo e da righe di emissione e/o d'assorbimento.

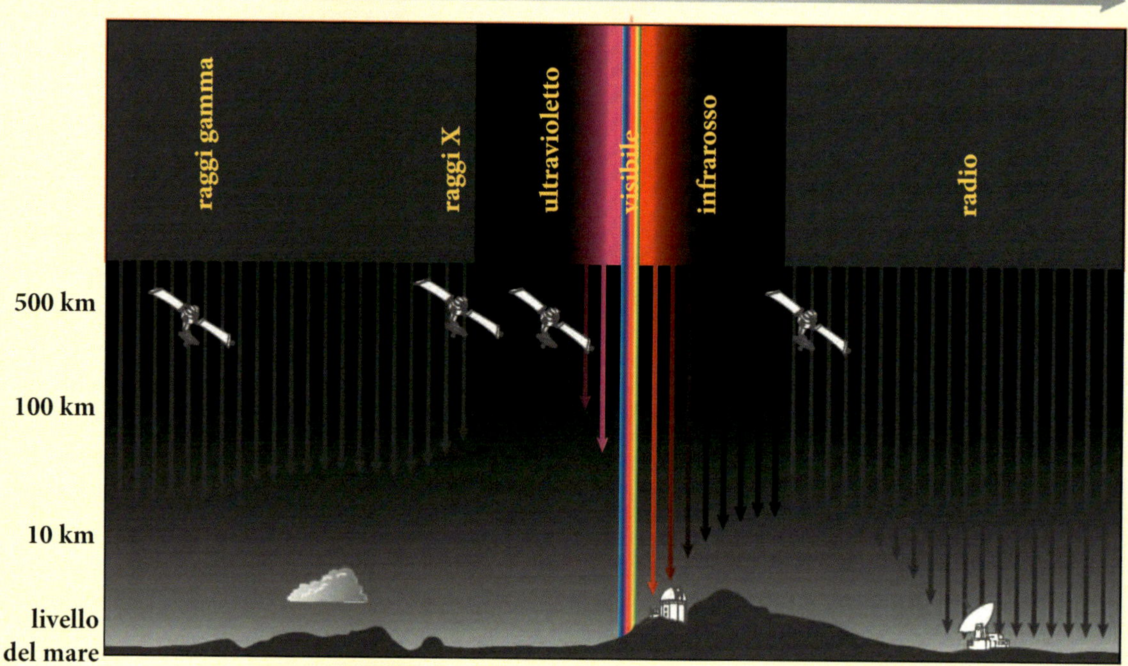

▲ **Figura 2.3** Trasparenza dell'atmosfera terrestre a diverse lunghezze d'onda. La lunghezza delle frecce verticali che partono da 500 km di quota indica lo spessore d'atmosfera che la radiazione elettromagnetica può attraversare. Solo nelle regioni spettrali visuale (3500-7000 Å, indicato dai colori dell'arcobaleno) e radio, la radiazione elettromagnetica emessa da un corpo celeste può attraversare tutta l'atmosfera terrestre ed essere raccolta da un osservatore al suolo. Esistono tuttavia alcune strette "finestre" anche nel dominio del vicino infrarosso. Ad altre lunghezze d'onda, la luce emessa dai corpi celesti è totalmente assorbita dall'atmosfera, prima che giunga al suolo. In questi casi, si devono utilizzare telescopi in volo su satelliti, su palloni aerostatici d'alta quota o su aerei.

Le stelle

Le stelle di tipo solare emettono principalmente nella banda visuale dello spettro. La luce visibile prodotta da una stella scaturisce dalla sua fotosfera e presenta proprietà simili a quelle di un corpo nero. Un corpo nero è un oggetto ideale che, per definizione, assorbe completamente tutta l'energia che lo investe. Tutti gli oggetti in equilibrio termico, caratterizzati da una temperatura propria d'equilibrio, hanno un'emissione simile a quella di un corpo nero. Così, in prima approssimazione, sono le stelle. Lo spettro elettromagnetico emesso da un corpo nero ha un picco di emissione a una lunghezza d'onda che dipende dalla sua temperatura (la brace rossa in un camino è meno calda del filo incandescente bianco di una lampadina elettrica). Il nostro corpo, per esempio, con una temperatura di circa 37 gradi della scala Celsius (°C), o 310 della scala Kelvin (K)[1], emette radiazione con un picco nell'infrarosso, a una lunghezza d'onda di circa 10 micrometri (µm): un rivelatore sensibile all'infrarosso, come quelli utilizzati dai militari, ci può dunque vedere anche di notte. Il colore di una stella è un indicatore della sua temperatura fotosferica, che, a sua volta, è legata alla sua età. Le stelle blu, per esempio, la cui temperatura è molto elevata (più di 20 mila K), sono generalmente giovani, nate da poco. Queste stelle hanno masse tra 10 e 100 volte quella del Sole, e non vivono più di qualche milione di anni (un tempo molto breve rispetto all'età delle galassie). La loro emissione presenta un picco nell'ultravioletto, a lunghezze d'onda attorno a 1000-2000 Å. Sono queste stelle massicce a fornire un contributo dominante all'emissione delle galassie nella regione ultravioletta dello spettro elettromagnetico. Le immagini prese a queste lunghezze d'onda possono quindi essere utilizzate per tracciare l'attività di formazione stellare di una galassia. Le stelle rosse, al contrario, per le quali la temperatura fotosferica è piuttosto bassa (attorno a 3000 K), sono generalmente stelle vecchie, con un'età di una decina di miliardi di anni, e poco massicce (la massa può essere compresa tra quella del Sole e un suo decimo). Il picco della loro emissione cade nel vicino infrarosso (tra 10 e 20 mila Å o, equivalentemente, tra 1-2 µm). Stelle di questo tipo dominano in numero e in massa la popolazione stellare globale delle galassie: le immagini nel vicino infrarosso vengono quindi utilizzate per tracciare il contenuto e la distribuzione della massa stellare delle galassie.

Il Sole, come le stelle che hanno il suo stesso colore, è caratterizzato da massa, temperatura (circa 6000 K) ed età (4,7 miliardi di anni) intermedie, con un picco d'emissione nella banda visuale (4000-7000 Å), la regione spettrale alla quale è sensibile l'occhio umano: e questo non è probabilmente un caso.

---

*1 Ricordiamo che lo zero assoluto, 0 K, corrisponde a −273 °C.

L'immagine ottica di una galassia è la somma delle immagini di tutte le stelle che la compongono: queste stelle possono essere risolte (cioè possono essere distinte l'una dall'altra) solo nelle galassie più vicine. Negli altri casi, il colore di una galassia può essere utilizzato per determinare la natura delle stelle che la compongono. Per esempio, una galassia di colore spiccatamente blu è costituita principalmente da stelle giovani, formatesi da poco, mentre le galassie rosse ospitano una popolazione di stelle vecchie. Il *bulge* delle spirali e le galassie ellittiche sono dominati da stelle vecchie, mentre i dischi e i bracci delle spirali contengono allo stesso tempo stelle vecchie e stelle giovani. Le immagini come quelle mostrate nel capitolo 1 e i profili di colore dati in Figura 4.6 possono essere utilizzati per tracciare la distribuzione delle diverse popolazioni stellari in funzione della distanza dal centro di una galassia.

La polvere interstellare

Le galassie contengono anche le polveri che le stelle espellono nel mezzo interstellare. Nel capitolo 3 spiegheremo come vengono create le polveri. Ora però vogliamo concentrarci sul processo di emissione, grazie al quale possiamo osservarle.

La polvere interstellare è composta da grani di dimensioni e composizione assai varia: i più piccoli sono probabilmente molecole di struttura piana, generalmente indicate come idrocarburi policiclici aromatici (in sigla, PAH), formate da qualche decina di atomi: la loro natura è ancora poco conosciuta. Esistono inoltre grani fini tridimensionali composti principalmente da grafite, con dimensioni tra 10 e 200 Å, denominati "grani molto piccoli" (in sigla, VSG), accanto ad altri di maggiori dimensioni (superiori a 200 Å), denominati "grani grandi" (in sigla, BG), composti essenzialmente da silicati e grafite.

Queste particelle, insieme al gas diffuso delle galassie, costituiscono il *mezzo interstellare*, che è presente in tutte le galassie a spirale e irregolari – e in alcuni casi anche nelle ellittiche e nelle lenticolari – distribuendosi in modo assai complesso all'interno delle galassie, tra stella e stella. Le particelle di polvere hanno la particolarità di assorbire la luce emessa dalle stelle, proprio come la polvere sospesa nell'aria (per esempio il fumo prodotto da un camino) assorbe la luce del Sole.

Il processo di assorbimento è un fenomeno complesso, ma può essere schematizzato nel modo seguente. La luce emessa dalle stelle deve riuscire ad attraversare il mezzo interstellare per fuoriuscire dalle galassie. Se la sua lunghezza d'onda è minore o paragonabile alla dimensione dei grani di polvere, viene efficacemente assorbita, mentre se è significativamente maggiore può facilmente attraversare il mezzo interstellare senza essere apprezzabilmente assorbita. Questo fenomeno è tipico di tutte le onde: lo possiamo facilmente intuire se immaginiamo una barca su un mare mosso. La barca viene scossa dalle onde se queste sono di dimensioni paragonabili o inferiori alla sua: in questo caso, c'è un trasferimento di energia dalle onde alla barca. E le onde vengono infrante, o perlomeno attenuate, quando si scontrano con lo scafo. Se invece le onde sono sensibilmente più lunghe dello scafo, come nel caso delle onde oceaniche, la barca sale e scende dolcemente senza subire brusche scosse, mentre le onde passano oltre, senza perdere energia. Un piccolo guscio di noce che galleggia in mare teme molto meno di una nave le grandi onde regolari di 10 metri!

Per quanto detto, le PAH assorbono principalmente la radiazione ultravioletta prodotta dalle stelle giovani, mentre i grani più grossi (BG) possono assorbire anche la luce emessa in ottico da stelle relativamente vecchie. Più in generale, la luce ultravioletta è quella maggiormente assorbita, mentre le galassie sono quasi trasparenti alla luce emessa dalle stelle più vecchie nel vicino infrarosso (1-3 μm).

Quando la luce colpisce un grano di polvere gli trasferisce la sua energia scaldandolo (nell'esempio della barca, il trasferimento d'energia è lo scossone che fa barcollare le persone a bordo). Se il grano di polvere è sufficientemente grosso (grani BG), una volta scaldato, la sua temperatura permane costante nel tempo, poiché la polvere si mette in equilibrio termico con la radiazione. In queste condizioni, la polvere ha una sua propria energia termica che riemette come un corpo nero. La sua temperatura è piuttosto bassa (nelle galassie normali i BG raggiungono i 10-20 K, mentre nelle galassie *starburst* possono arrivare fino a un centinaio di K) e perciò la sua emissione ha un picco nel lontano o nel medio infrarosso, a seconda della temperatura d'equilibrio raggiunta.

Il comportamento delle particelle più piccole, come le PAH, è diverso: le dimensioni di una molecola sono talmente piccole che la probabilità di essere colpita da un fotone è molto bassa. Quando una molecola assorbe un fotone, la sua temperatura aumenta sensibilmente, ma, essendo bassa la probabilità di essere raggiunta in tempi brevi da un secondo fotone, la maggior parte dell'energia finisce per essere rilasciata prima che la molecola venga riscaldata una seconda volta. Queste particelle, quindi, non mantengono una temperatura costante nel tempo, e non sono in equilibrio termico con la radiazione. Data la loro struttura molecolare relativamente semplice, la perdita di energia di queste molecole non avviene in modo continuo, ma discreto, con produzione di righe d'emissione. Il comportamento delle particelle fini (VSG) è intermedio tra quello dei grani più grossi e le PAH, anche se con un'emissione continua.

Per riassumere, i grani di polvere più grandi e freddi (BG) emettono principalmente nel lontano infrarosso (a lunghezze d'onda tra circa 70 µm e 1 µm), i VSG tra 10 e 70 µm, mentre le PAH nel medio infrarosso, tra 3 e 15 µm. Le particelle più piccole hanno in genere una temperatura più elevata di quelle grosse: la loro ridotta inerzia termica (minore massa) fa sì che vengano riscaldate più efficacemente.

Il satellite IRAS, lanciato agli inizi degli anni '80 del secolo scorso, effettuò un censimento completo del cielo in infrarosso, in quattro bande diverse, a lunghezze d'onda comprese tra 12 e 100 µm. Questi dati, combinati con quelli ottenuti più recentemente dalle missioni spaziali ISO (1995) e Spitzer (2003) nell'intervallo spettrale 5-170 µm, hanno permesso di progredire considerevolmente nello studio delle proprietà infrarosse delle galassie.

I campi magnetici e l'emissione radio

Le galassie emettono anche nel continuo radio, a lunghezze d'onda comprese tra qualche centimetro e qualche metro, principalmente per un processo fisico che è detto *emissione di sincrotrone*. Questo processo è dovuto alla perdita di energia di elettroni relativistici in moto dentro campi magnetici deboli. Una particella viene definita relativistica quando viaggia a una velocità prossima a quella della luce, 300.000 km/s, essendo questa, per la relatività di Einstein, la velocità massima alla quale una particella può muoversi. Gli elettroni di cui parliamo sono principalmente accelerati a velocità prossime a quelle della luce dall'onda di *shock* che si produce nei resti di supernova (capitolo 3). L'esplosione di una supernova avviene nella fase finale dell'evoluzione di certi tipi di stelle[2], ed è un evento che si registra tipicamente nelle regioni di formazione stellare. A seguito dell'esplosione, che è uno degli eventi cosmici più energetici che si conoscano, la maggior parte della materia della stella (tranne il nucleo collassato) viene espulsa con estrema violenza nel mezzo interstellare circostante. Lo *shock* prodotto dall'esplo-

---

*2 Esistono diversi tipi di supernovae: quelle di tipo II (SNII), caratterizzate da spettri con la presenza di righe d'assorbimento dell'idrogeno, segnano la fine, per collasso del nucleo, delle stelle più massicce (masse maggiori di circa 8 masse solari). Le supernovae di tipo Ib (SNIb) sono il risultato dell'esplosione di stelle di Wolf-Rayet, molto massicce e in una fase particolare della loro evoluzione: la forte perdita di massa, dispersa nello

sione è in grado di accelerare a velocità relativistiche tutte le particelle cariche, compresi gli elettroni. La fisica insegna che le particelle elettricamente cariche che si muovono in un campo magnetico (tutte le galassie sono permeate da deboli campi magnetici) perdono energia emettendo onde radio. Questa emissione può essere osservata da un radiotelescopio come quello di Arecibo, a Porto Rico, o dal Very Large Array, nel New Mexico.

L'emissione radio delle galassie risente quindi principalmente dalla loro specifica attività di formazione stellare e dall'intensità del campo magnetico che le pervade. Contrariamente all'emissione di corpo nero, che, come abbiamo visto, è caratterizzata da uno spettro con un picco a una data lunghezza d'onda, l'emissione di sincrotrone ha lo spettro descrivibile matematicamente con una legge di potenza, in cui l'intensità cresce in modo costante per lunghezze d'onda tra qualche centimetro e qualche metro.

L'emissione X

Le galassie emettono anche nel dominio dei raggi X, a lunghezze d'onda di qualche decina di Ångstrom (1-100 Å). In questa banda, l'emissione di una galassia normale è dominata dal contributo di certi particolari sistemi binari. In questi sistemi, la materia espulsa dai venti stellari di una stella massiccia viene accelerata e risucchiata dalla stella compagna, generalmente una stella collassata, di alta densità, come una nana bianca o una stella a neutroni. La materia che cade sulla stella collassata libera energia, che viene riemessa dal sistema nei raggi X. Nelle galassie attive, come gli AGN o i QSO, che sono intense sorgenti X, la materia viene risucchiata da un buco nero situato al centro della galassia. Anche il gas caldo prodotto durante l'esplosione delle supernovae è sorgente di raggi X.

In tutti questi casi, l'emissione è dovuta a un processo di frenamento, chiamato dai fisici *bremsstrahlung* o *free-free*, dovuto all'accelerazione degli elettroni che si muovono in un plasma caldissimo. È questo il processo responsabile dell'emissione X degli ammassi di galassie, nei quali è presente abbondante gas ad altissima temperatura (capitolo 5).

---

spazio da intensi venti stellari, toglie loro la maggior parte dell'idrogeno degli strati esterni (per questo le righe dell'idrogeno non compaiono nello spettro). Le supernovae di tipo Ia (SNIa) scaturiscono invece dall'esplosione di una nana bianca facente parte di un sistema binario insieme con una gigante rossa (capitolo 3). Le supernovae di tipo I si verificano generalmente in regioni galattiche caratterizzate da una minore densità stellare.

2.3. **Le righe di emissione**

Lo spettro delle galassie contiene spesso righe di emissione, sovrapposte all'emissione del continuo, che testimoniano la presenza di gas atomico o molecolare, e che permettono l'identificazione di certi elementi pesanti sintetizzati dalle stelle nel corso della loro evoluzione. Le righe più importanti, generalmente osservabili nelle galassie ove è in corso la formazione stellare, come le spirali o le irregolari, sono quelle dell'idrogeno atomico e di diversi composti molecolari. Nel gergo degli astronomi sono detti "metalli" (terminologia impropria, che non corrisponde alla definizione chimica), gli elementi più pesanti dell'elio prodotti dalla nucleosintesi stellare, come il carbonio, l'ossigeno, lo zolfo, l'azoto e il ferro.

L'idrogeno atomico

L'idrogeno atomico assomma a circa il 76% della massa dell'Universo[3]. Costituisce, con l'elio, la componente uscita dalla nucleosintesi del Big Bang, che, dal collasso delle nubi primordiali, formò le stelle che oggi compongono le galassie. Nel suo stato atomico neutro, tipico di un gas freddo a bassa densità, l'idrogeno può essere facilmente osservato grazie a una riga di emissione a 21 cm (nelle onde radio): tale riga si genera in un processo chiamato *inversione di spin*, che ha luogo nelle condizioni fisiche tipiche del mezzo interstellare delle galassie. Data la grande quantità di gas atomico presente nelle galassie a spirale (circa 10^9 masse solari, dove una massa solare è circa $2 \cdot 10^{30}$ kg), questa riga è facilmente osservabile, in oggetti relativamente vicini, da un radiotelescopio come quello di Arecibo. La Figura 2.4 mostra la riga di emissione a 21 cm dell'HI (si indica in questo modo l'idrogeno atomico neutro, e si legge "acca primo" o "acca uno") tipica di una galassia a spirale.

L'intensità della riga (che corrisponde all'area tratteggiata in Figura 2.4) è proporzionale alla quantità totale di gas e può quindi essere utilizzata per determinare il contenuto di idrogeno atomico neutro della galassia. L'ottima risoluzione spettrale che si può ottenere con osservazioni radio come questa permette di studiare la cinematica delle galassie: la larghezza della riga è infatti indicativa della velocità di rotazione della nube di gas (si sfrutta

---

*3 Questa percentuale si riferisce al totale della massa della materia visibile (stelle, gas, polveri,…) e non include il contributo della materia oscura.

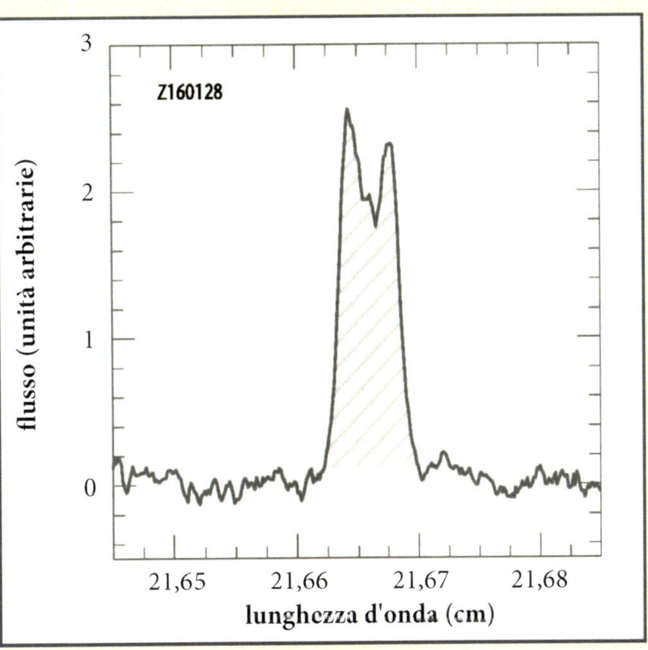

▶ **Figura 2.4** Riga a 21 cm della galassia Z160128 ottenuta con il radiotelescopio di Arecibo (Porto Rico). La riga non si presenta al valore canonico di 21,11 cm, ma a valori leggermente maggiori perché la galassia si sta allontanando da noi alla velocità di circa 7900 km/s. Dalla misura della larghezza della riga di emissione, grazie all'effetto Doppler, si può anche determinare la velocità di rotazione della galassia su se stessa (in questo caso, circa 200 km/s). La quantità totale di idrogeno atomico è proporzionale all'area sottesa dal profilo della riga di emissione (zona tratteggiata).

l'effetto Doppler). La risoluzione spaziale del radiotelescopio è invece inadeguata per risolvere la galassia, ossia per osservarla in varie parti distinte: la galassia qui è vista come un tutt'uno, come se fosse un singolo punto. È quindi impossibile determinare il verso di rotazione con uno spettro HI globale come questo. Pur essendo meno sensibili del radiotelescopio di Arecibo, le reti di antenne come il Very Large Array (New Mexico), grazie a una tecnica chiamata *interferometria*, hanno una risoluzione spaziale molto migliore e possono quindi utilizzare la riga a 21 cm per rilevare la velocità del gas nelle diverse regioni delle galassie (campo di velocità). A un analogo risultato si può giungere compiendo osservazioni ottiche nella riga Hα, come nel caso della galassia M63 (Figura 4.9).

L'idrogeno atomico è presente in tutti i sistemi ancora attivi nella formazione stellare, come le galassie a spirale, le nane irregolari e le galassie *starburst*. Al contrario, è generalmente assente, o poco abbondante, in tutte le galassie inattive, dominate da popolazioni stellari vecchie, come le ellittiche e le lenticolari. La massa tipica del gas atomico delle galassie a spirale giganti è di $10^9 - 10^{10}$ masse solari (che rappresenta circa il 5% della massa dinamica totale, compresa la materia oscura), e di $10^7 - 10^8$ masse solari nelle galassie nane irregolari (40% della massa totale; si veda il paragrafo 4.6).

Il gas molecolare

Il gas che compone il mezzo interstellare delle galassie può essere anche molecolare: ancora, come per la fase atomica, il costituente principale delle nubi molecolari è l'idrogeno ma ora sotto forma di molecola (H_2); sono presenti anche diverse altre molecole. L'idrogeno molecolare può essere facilmente osservato solo quando è molto caldo, condizione necessaria perché la sua molecola sia eccitata. Le collisioni tra molecole per agitazione termica possono causare la rotazione della molecola o la vibrazione degli atomi che la compongono: il risultato è l'emissione di righe nel vicino o nel medio infrarosso (righe rotazionali e vibrazionali). Il mezzo interstellare delle galassie è generalmente molto freddo (circa 20-100 K) e di conseguenza l'idrogeno molecolare non è eccitato. Però, altre molecole possono emettere nelle loro transizioni rotazionali a lunghezze d'onda millimetriche. Gli astronomi hanno quindi adottato tecniche indirette per misurare la quantità dell'idrogeno molecolare: la più comune consiste nell'osservazione della riga a 2,6 mm di un'altra molecola molto comune, il monossido di carbonio (CO), che è generalmente associato all'idrogeno molecolare. Si suppone poi che vi sia un rapporto costante tra l'intensità della riga del CO e la densità superficiale (quantità di gas per unità di superficie) dell'idrogeno molecolare. La Figura 2.5 mostra lo spettro integrato della riga del CO a 2,6 mm della galassia VCC 1554 (NGC 4532), ottenuto con l'antenna millimetrica di 12 m di Kitt Peak.

Come possiamo notare, la forma della riga non è molto diversa da quella dell'idrogeno atomico mostrata in Figura 2.4 (le proprietà cinematiche del gas molecolare sono simili a quelle del gas atomico), benché la qualità del segnale sia sensibilmente meno buona a causa del fatto che l'emissione del CO è molto più debole di quella dell'HI, e che le osservazioni millimetriche, a causa dell'instabilità dell'atmosfera a queste frequenze, sono tecnicamente più complicate di quelle centimetriche. Come nel caso dell'HI, interferometri come quello del Plateau de Bure (Francia) possono essere utilizzati per avere una migliore risoluzione spaziale rispetto alle antenne singole (30 m dell'IRAM, 45 m di Nobeyama, 12 m di Kitt Peak).

Solo le galassie che ospitano la formazione stellare (spirali, irregolari, *starburst*) contengono gas molecolare in abbondanza: la stima del loro contenuto è tuttavia molto più imprecisa di quella dell'idrogeno atomico neutro. Gli studi statistici finora effettuati mostrano che, mediamente, le spirali hanno solo circa il 20% del totale del gas sotto forma di molecole (l'ordine di grandezza è di 10^8 masse solari).

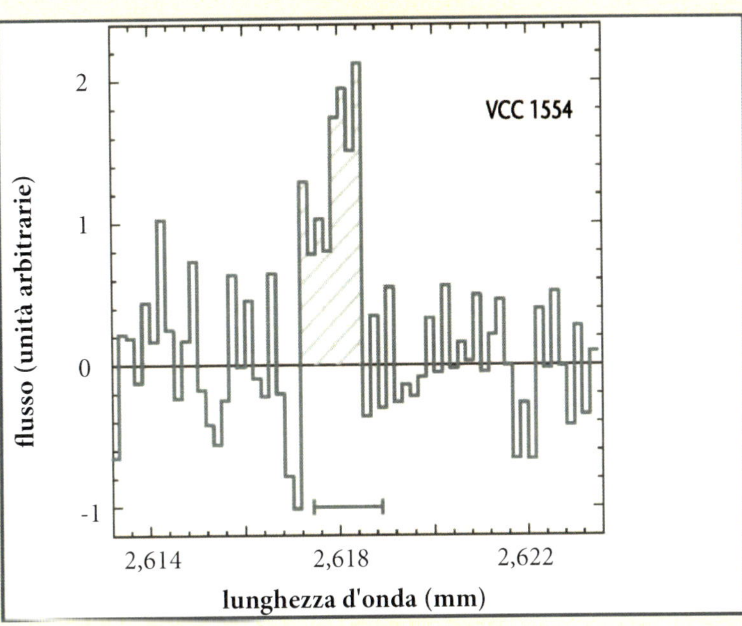

▶ **Figura 2.5** Riga di emissione del CO a 2,6 mm della galassia VCC 1554 (NGC 4532) rilevata con il radiotelescopio di Kitt Peak. Anche in questo caso, la lunghezza d'onda è spostata a valori di poco maggiori di quello canonico (2,601 mm), e la larghezza della riga è indicativa, per effetto Doppler, della velocità di rotazione della galassia (circa 200 km/s). L'area sottesa dal profilo della riga (zona tratteggiata) fornisce l'intensità dell'emissione del CO, che è proporzionale al contenuto d'idrogeno molecolare della galassia.

L'idrogeno ionizzato

Altre righe di emissione sono caratteristiche dello spettro delle galassie nelle quali è attiva la formazione di nuove stelle. Ancora una volta, le righe dell'idrogeno sono fra le più importanti. I fotoni (i quanti di radiazione, le "particelle" di luce) emessi dalle stelle, quando sono di energia sufficientemente elevata, possono ionizzare l'idrogeno atomico che è presente nel mezzo interstellare, almeno quello negli stretti dintorni delle stelle. Ionizzare significa "strappare" un elettrone a un atomo: nel caso dell'idrogeno, che ha un solo elettrone, resta solamente il nucleo, costituito da un protone. Là dove abbonda l'idrogeno ionizzato, può anche avvenire il fenomeno inverso, quello della ricombinazione, quando un elettrone libero viene catturato da un protone. L'elettrone catturato si trova inizialmente in uno stato d'alta eccitazione, dal quale discende verso livelli energetici più bassi emettendo energia, ad ogni salto verso il basso, sotto forma di un fotone: dà così luogo a uno spettro a righe d'emissione. Quando il livello energetico d'arrivo è quello fondamentale, le righe d'emissione cadono nella regione ultravioletta dello spettro (serie di Lyman); se invece il salto si conclude sul primo livello eccitato, oppure sul secondo o sul terzo, allora le righe cadono rispettivamente nell'ottico (serie di Balmer) o nel vicino infrarosso (serie di Paschen, o di Brackett).

I fotoni ionizzanti, che devono avere un'energia superiore a 13,6 eV – quella di ionizzazione dell'atomo d'idrogeno – vengono emessi solamente dalle stelle più massicce e giovani: la loro presenza, quantificabile dall'intensità delle righe di emissione dell'idrogeno (generalmente attraverso la più intensa e facilmente accessibile fra queste, la riga Hα, a 6563 Å), può essere quindi utilizzata per tracciare l'attività di formazione stellare di una galassia. Anche altre righe della serie di Balmer, come la Hβ e la Hδ, o delle serie di Paschen e Brackett, possono essere utilizzate allo stesso scopo. Le regioni intorno a stelle giovani che abbiano un'età inferiore a 4 milioni di anni, e massicce più di 10 masse solari, dove il gas è in larga misura ionizzato, si chiamano *regioni HII* (il simbolo HII indica, per l'appunto, che l'idrogeno è ionizzato; si legge "acca secondo"). Queste regioni sono principalmente situate lungo i bracci a spirale delle galassie.

Gli elementi pesanti

Anche altre righe d'emissione attribuibili agli elementi prodotti dalla nucleosintesi stellare sono importanti nello studio delle proprietà fisiche del mezzo interstellare. Generalmente chiamate "righe proibite", vengono indicate da due parentesi quadre che racchiudono l'elemento responsabile dell'emissione: sono "proibite" nel senso che non sono osservabili in condizioni normali, come quelle presenti nei laboratori terrestri. Invece, possono essere osservate nel mezzo interstellare grazie all'abbondanza degli elementi che le producono. Tra di esse, sono particolarmente importanti quelle dell'ossigeno ionizzato, [OII] e [OIII], perché permettono di stimare il contenuto medio di metalli del mezzo interstellare. Altre righe, come quella dell'ossigeno neutro [OI] a 6300 Å, vengono assunte come indicatori di onde d'urto e di violentissimi flussi di particelle prodotti dalle esplosioni di supernovae. Alcune di queste righe, sovrapposte al continuo stellare, si scorgono nello spettro della galassia VCC 1554 in Figura 2.6.

La lista delle righe che abbiamo appena menzionato copre principalmente lo spettro ottico: molte altre righe di emissione sono però presenti anche nel vicino e nel lontano infrarosso. I meccanismi della loro emissione sono strettamente connessi con le proprietà fisiche del mezzo interstellare e quindi osservarle è una tappa fondamentale per comprendere la natura delle galassie. Per esempio, la riga del carbonio ionizzato [CII] a 158 μm e quella dell'ossigeno neutro [OI] hanno un ruolo dominante nel processo di raffreddamento delle nubi molecolari, che risulta decisivo nell'avvio della loro contrazione fino al raggiungimento della densità necessaria per permettere la formazione delle stelle.

Altre righe, come la Lyα (riga dell'idrogeno della serie di Lyman) nell'ultravioletto, pure se connesse con la formazione stellare, non possono essere utilizzate per stimare quanto una

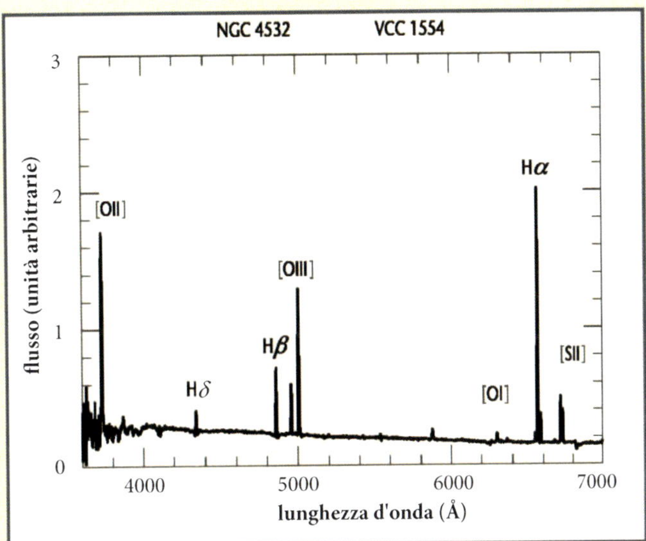

▲ **Figura 2.6** Spettro ottico della galassia Sm NGC 4532 (VCC 1554) (GOLDMINE). Da sinistra a destra si vedono le seguenti righe di emissione: [OII] 3727 Å, Hδ (molto debole), Hβ, il doppietto (due righe vicine, dovute allo stesso elemento) dell'[OIII] a 4959 e 5007 Å, [OI] 6300 Å (la più debole dello spettro), Hα a 6563 Å, la riga più intensa dello spettro, con ai suoi lati il doppietto dell'azoto ([NII] 6548 e 6584 Å), e il doppietto dello zolfo [SII] a 6717 e 6731 Å. Il continuo è dovuto all'emissione stellare: le stelle giovani e calde dominano l'emissione nella parte blu dello spettro (verso 4000 Å); le stelle vecchie e fredde invece la parte rossa (verso 7000 Å).

galassia sia attiva in quel campo perché la loro emissione è fortemente assorbita dal mezzo interstellare. La riga può però essere utilizzata per misurare lo spostamento verso il rosso di una galassia (*redshift* cosmologico), necessario per determinarne la distanza (capitolo 4). Nelle galassie più lontane, presenti in epoche cosmiche in cui l'Universo era 4-5 volte più piccolo di quanto sia ora, il *redshift* cosmologico sposta questa riga dalla regione ultravioletta fino alla regione ottica dello spettro.

2.4. Le righe di assorbimento

Gli spettri delle galassie possono anche presentare righe di assorbimento, o strutture abbastanza tipiche, come forti discontinuità (come la discontinuità del calcio, *calcium break* in inglese, D4000, Figura 2.7).

Tabella 2.2 Le principali righe di emissione del mezzo interstellare

Riga	λ	Indicatore
HI	21 cm	Presenza di idrogeno atomico neutro
CO	2,6 mm	Indicatore dell'idrogeno molecolare
[CII]	158 µm	Agente di raffreddamento del mezzo interstellare
[OI]	63 µm	Agente di raffreddamento del mezzo interstellare
Brγ (idrogeno, serie di Brackett)	2,17 µm	Indicatore di formazione stellare
Pβ (idrogeno, serie di Paschen)	1,28 µm	Indicatore di formazione stellare
[SII]	6717 e 6731 Å	Indicatore parziale di onde d'urto dovute a supernovae
Hα (idrogeno, serie di Balmer)	6563 Å	Indicatore di formazione stellare
[NII]	6548 e 6584 Å	Indicatore della metallicità del mezzo interstellare
[OI]	6300 Å	Indicatore di onde d'urto dovute a supernovae
[OIII]	4959 e 5007 Å	Indicatore della metallicità del mezzo interstellare
Hβ (idrogeno, serie di Balmer)	4861 Å	Indicatore di formazione stellare
Hδ (idrogeno, serie di Balmer)	4340 Å	Indicatore di formazione stellare
[OII]	3727 Å	Indicatore della metallicità del mezzo interstellare
Lyα (idrogeno, serie di Lyman)	1216 Å	Indicatore di distanza per le galassie lontane

Queste righe, o strutture, si generano principalmente nelle atmosfere delle stelle e la loro intensità generalmente dipende dall'età e dalla metallicità della popolazione stellare che compone la galassia (ossia, dall'abbondanza media di elementi pesanti, quelli che gli astronomi chiamano "metalli"), ma in un modo assai complesso.

Mettendo a confronto diversi modelli d'evoluzione stellare con le osservazioni, è stato possibile individuare nelle righe di Balmer in assorbimento un indicatore dell'età della

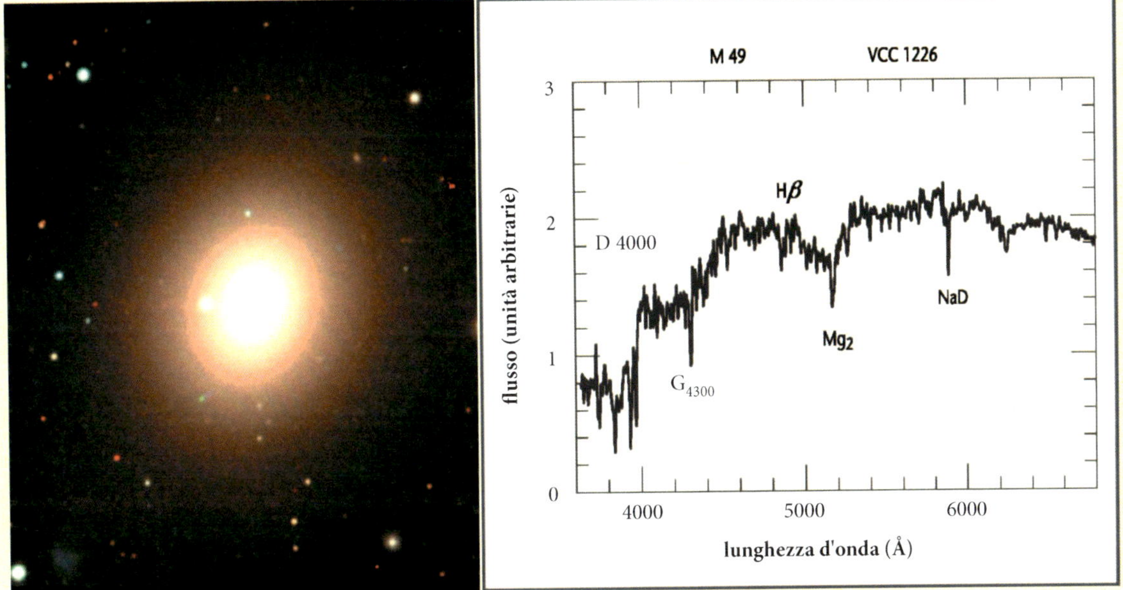

▲ **Figura 2.7** Spettro ottico della galassia ellittica M49 (VCC 1226) (GOLDMINE). Da sinistra a destra, si notano la discontinuità del calcio, D4000, e le righe d'assorbimento G4300, Hβ, Mg₂ e NaD. Come per la galassia NGC 4532 (Figura 2.6), il continuo è dovuto all'emissione delle diverse popolazioni stellari presenti; rispetto a quella galassia a spirale, si può però notare che lo spettro di M49 è sensibilmente più rosso: l'intensità del continuo è infatti molto più importante nel rosso (6000-7000 Å) che nel blu (4000 Å). In effetti, la galassia M49 è un'ellittica dominata da popolazioni stellari evolute.

popolazione stellare: tali righe possono perciò essere sfruttate per delineare la storia della formazione stellare nelle galassie. Le righe dei "metalli", come quelle del ferro e del magnesio, possono invece essere utilizzate per studiare la natura delle stelle che compongono le galassie (Tabella 2.3).

Le righe di assorbimento e le discontinuità dello spettro sono presenti soprattutto nelle popolazioni stellari relativamente vecchie, in particolare nelle galassie ellittiche e lenticolari, nelle ellittiche nane e nei *bulge* delle spirali.

Come per le righe di emissione, quando la risoluzione spettrale è sufficientemente elevata, si può sfruttare la larghezza di una riga di assorbimento per calcolare la velocità di rotazione della galassia, o comunque la dispersione di velocità delle sue stelle (capitolo 4).

Tabella 2.3 **Le principali righe di assorbimento delle galassie**

Riga	λ	Indicatore
Hδ	4101 Å	indicatore d'età
D4000	4000 Å	indicatore d'età-metallicità
G$_{4300}$	4300 Å	indicatore d'età
Hβ	4861 Å	indicatore d'età
Mg$_2$	5156-5197 Å	indicatore di metallicità
<Fe>	5270-5335 Å	indicatore di metallicità
NaD	5879-5911 Å	indicatore d'età-metallicità

2.5. Le galassie a diverse lunghezze d'onda

Gli strumenti attualmente disponibili ci permettono di ottenere immagini e spettri di galassie in un'ampia gamma di lunghezze d'onda, dai raggi X (qualche decina di Ångstrom) fino al continuo radio (50 cm). Per la nostra Galassia è stato addirittura possibile ottenere immagini nei raggi gamma. Nella Figura 2.8 sono riportate immagini della Via Lattea in dieci diverse bande fotometriche. Il Sistema Solare è situato nella parte esterna del disco: le immagini sono quindi quelle del piano galattico visto da un osservatore situato all'interno del disco, ma in una posizione decentrata (Figura 1.6). La parte di maggiore luminosità corrisponde al centro galattico. Il *bulge* è facilmente riconoscibile nell'immagine presa nel vicino infrarosso, mentre la polvere risulta maggiormente nell'ottico, in assorbimento, oppure nel medio e lontano infrarosso, in emissione. La componente gassosa (idrogeno atomico e molecolare) è distribuita principalmente lungo il piano galattico, ove occupa una regione relativamente sottile. Gli elettroni relativistici responsabili dell'emissione di sincrotrone (il continuo radio a 408 MHz) sono invece distribuiti su un disco piuttosto spesso.

Come per la Via Lattea, è possibile ottenere immagini di ottima qualità per alcune galassie vicine, come M81, M51 e M31 (Figure 2.9, 2.10 e 2.11), utilizzando una varietà di strumenti (Tabella 2.4). Dovendo fare i conti con telescopi di sensibilità e risoluzione angolare (la risoluzione angolare è la capacità di separare due sorgenti vicine) ancora assai limitate per le bande infrarosse, immagini di buona qualità a diverse lunghezze d'onda possono essere ottenute solo per alcune tra le galassie più vicine.

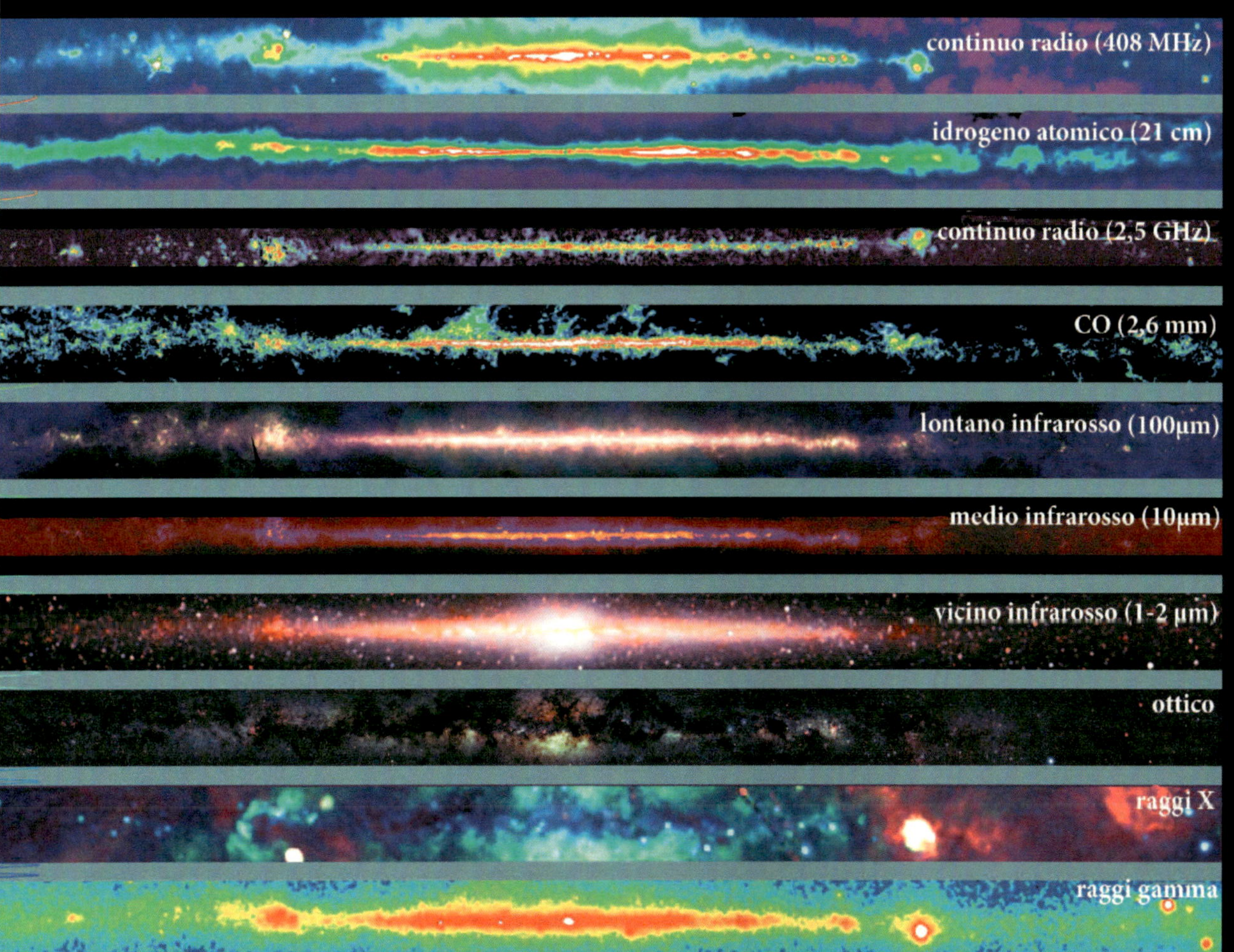

▲ **Figura 2.8** Immagini a diverse lunghezze d'onda della nostra Galassia, la Via Lattea. Dall'alto verso il basso sono riportate mappe nel continuo radio a 74 cm (408 MHz), nella riga a 21 cm (HI), nel continuo radio a 12 cm (2,5 GHz), nella riga del CO a 2,6 mm, nel lontano infrarosso a circa 100 μm, nel medio infrarosso a circa 10 μm, nel vicino infrarosso a 1-2 μm, nell'ottico, nei raggi X e nei raggi gamma.

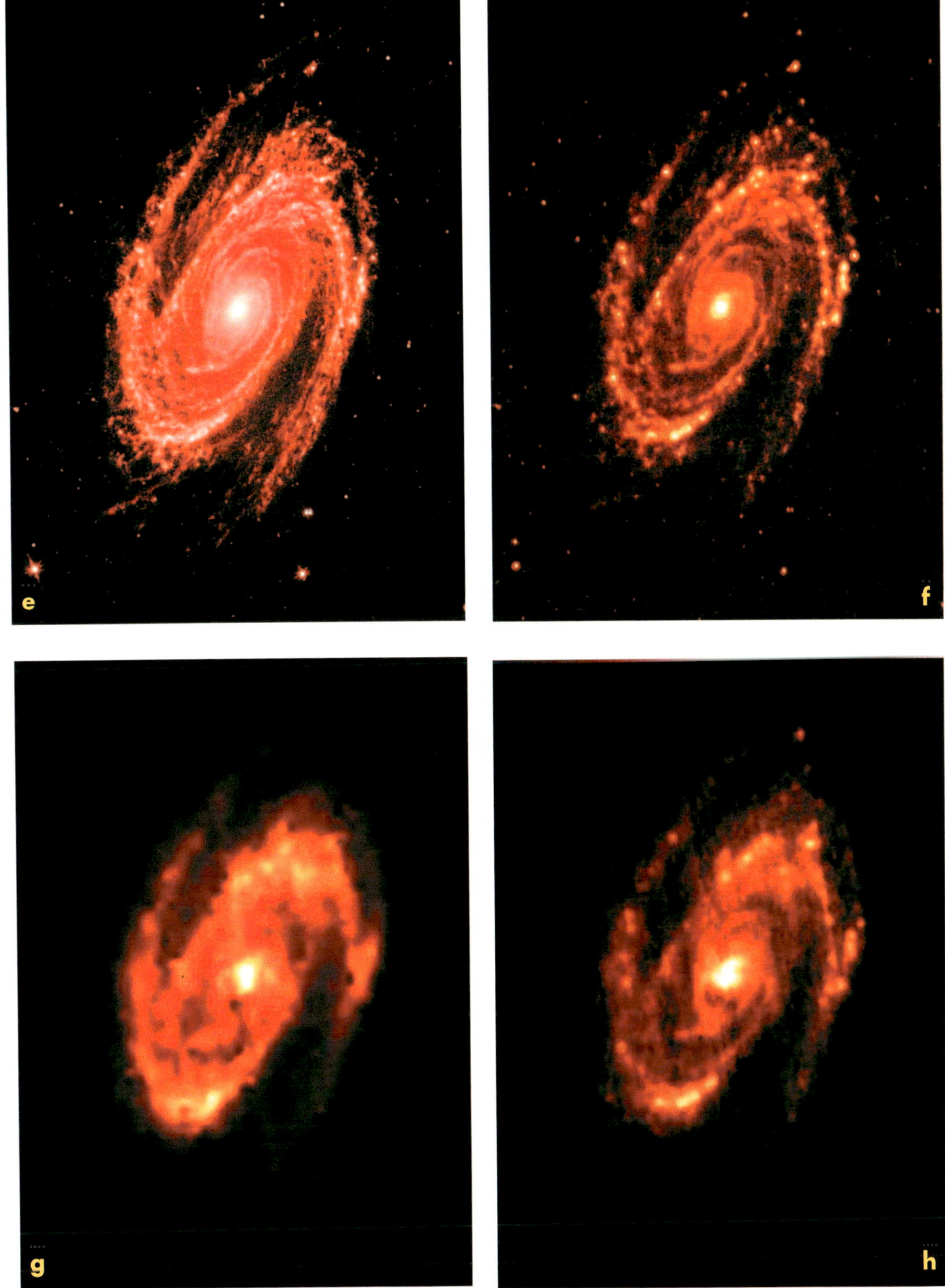
e
f
g
h

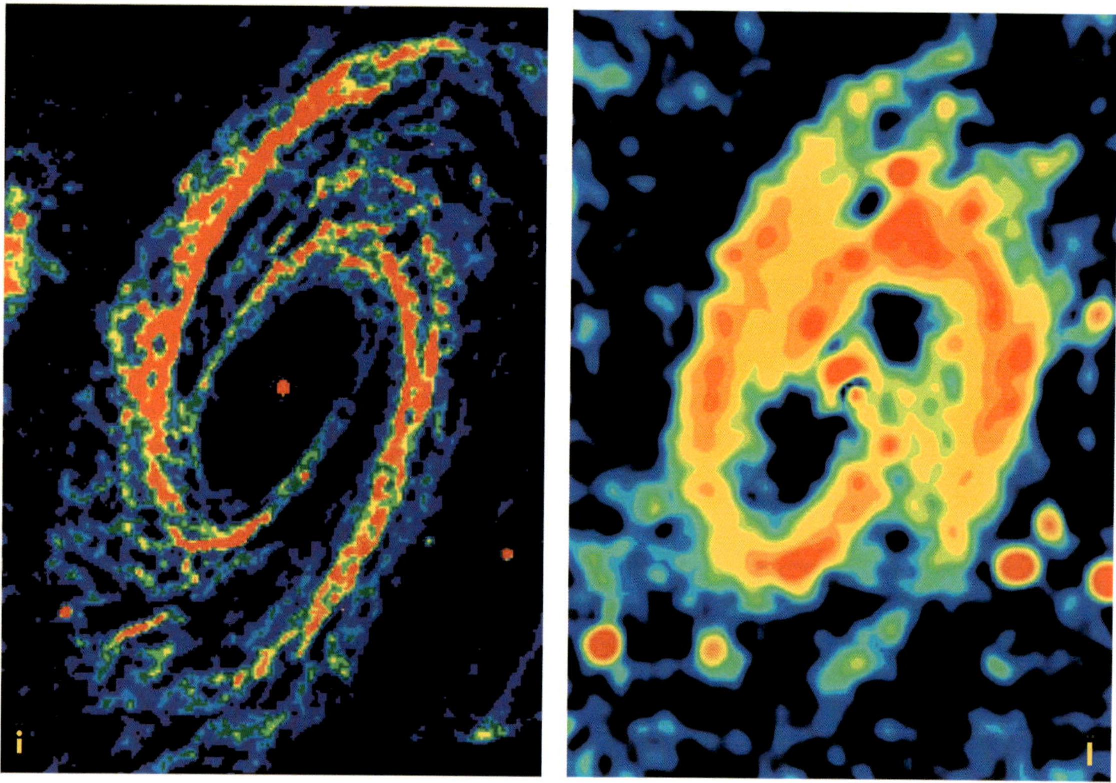

◀ ▲ **Figura 2.9** Immagini a diverse lunghezze d'onda della galassia a spirale M81: a) riga di Balmer Hα a 6563 Å, tracciante delle regioni di formazione stellare; b) ultravioletto a 1500-2300 Å, tracciante delle regioni di formazione stellare; c) ottico (3500-7000 Å), tracciante delle popolazioni stellari d'età intermedia; d) vicino infrarosso a 3,6 μm, tracciante delle stelle evolute; e) medio infrarosso a 8 μm, tracciante delle PAH; f) medio infrarosso a 24 μm, tracciante dei piccoli grani di polvere; g) lontano infrarosso a 70 μm, tracciante dei grani di polvere di dimensioni e temperatura intermedie; h) lontano infrarosso a 160 μm, tracciante dei grossi grani di polvere di bassa temperatura; i) riga a 21 cm, tracciante dell'idrogeno atomico neutro HI; l) continuo radio a 20 cm, emissione di sincrotrone dovuta a elettroni relativistici in campi magnetici deboli. Tutte le immagini sono alla stessa scala.

Tabella 2.4 Gli strumenti utilizzati per l'osservazione delle tre galassie M81, M51 e M31

banda spettrale	M81	M51	M31
raggi X	–	Chandra	–
Hα	OHP	OHP	–
ultravioletto	GALEX	GALEX	GALEX
ottico	INT	CFHT	NOAO
infrarosso vicino	Spitzer	Spitzer	Spitzer
infrarosso medio	Spitzer	Spitzer	Spitzer
infrarosso lontano	Spitzer	–	ISO/Spitzer
riga del CO (2,6 mm)	–	BIMA	IRAM
riga dell'idrogeno neutro (21 cm)	VLA	VLA	WSRT
continuo radio	VLA	VLA	VLA

Queste immagini ci mostrano come la morfologia di una galassia cambia con la lunghezza d'onda a cui la si osserva: la causa è la diversa distribuzione delle varie componenti, che emettono in bande differenti.

Il mosaico di immagini di M81, una tipica galassia a spirale Sab, mostra chiaramente come le stelle più giovani, che possono essere tracciate dall'osservazione della riga Hα, sono principalmente distribuite lungo i bracci a spirale in regioni assai compatte (regioni HII); v'è anche una forte concentrazione nel nucleo. La distribuzione delle stelle più vecchie e meno massicce è assai più diffusa ed estesa. L'immagine ultravioletta, a cui contribuiscono principalmente stelle relativamente giovani (un centinaio di milioni di anni) e massicce (2-5 masse solari), mostra di nuovo una distribuzione stellare concentrata in alcune regioni compatte. Decisamente più diffusa è invece l'emissione ottica, dovuta a stelle con età dell'ordine del miliardo di anni e di massa circa solare, e ancora più lo è quella nel vicino infrarosso, prodotta dalle stelle più evolute, con età dell'ordine di dieci miliardi di anni. Si può notare che le stelle più vecchie sono principalmente situate nel *bulge* della galassia, mentre le più giovani risiedono nei bracci a spirale e nel disco.

Le quattro immagini infrarosse mostrano che la polvere è distribuita soprattutto lungo i bracci a spirale. Questo è normale, visto che la polvere viene scaldata principalmente dalle stelle più giovani e calde. Si può inoltre notare che le PAH (Figura 2.9e) e i grani di polvere più piccoli

a
b
c
d

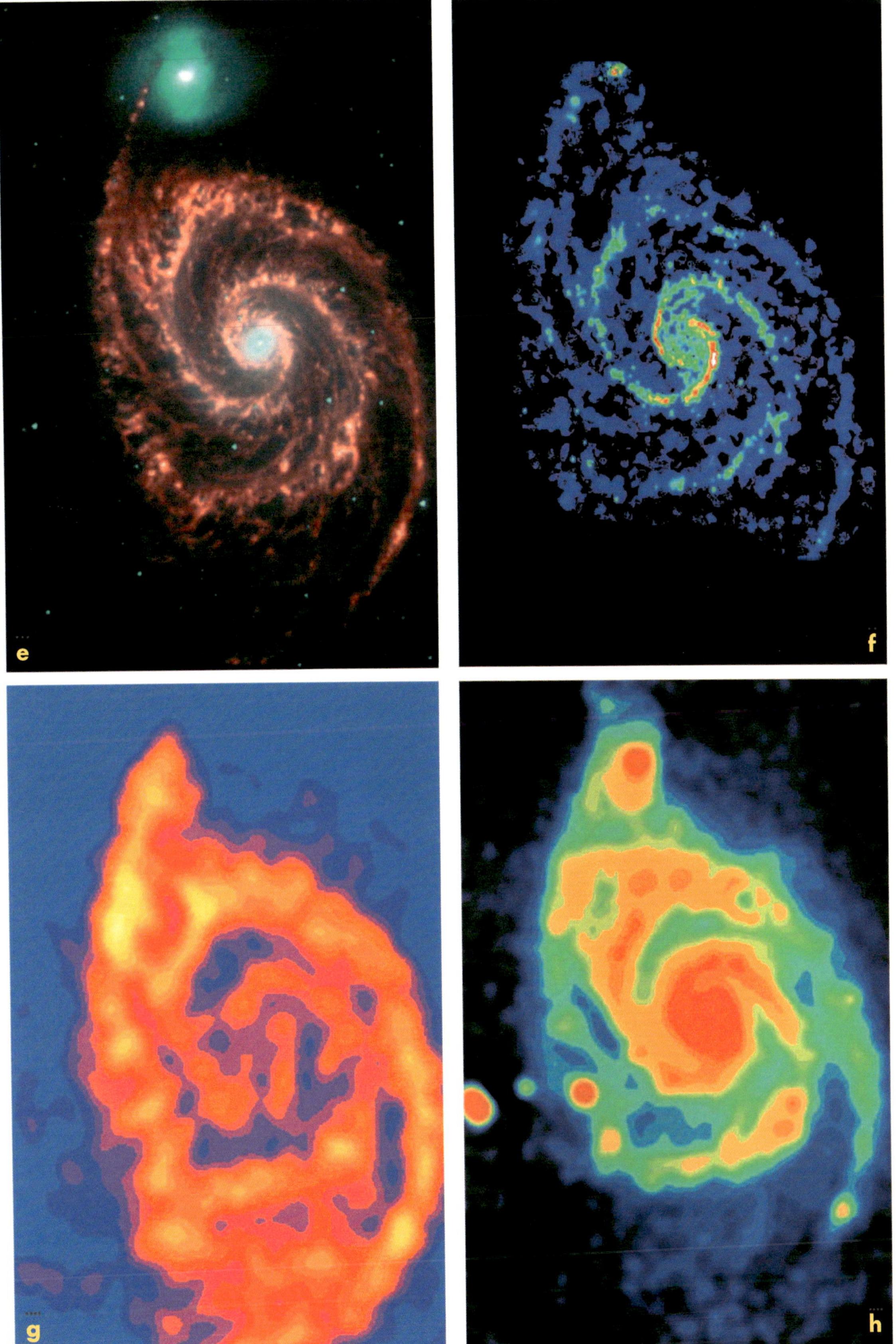

◀ **Figura 2.10** Immagini a diverse lunghezze d'onda del sistema binario composto dalla galassia spirale M51 (Sbc) e dalla sua compagna NGC 5195 (SB0 pec): a) raggi X, tracciante di stelle binarie; b) riga di Balmer Hα, tracciante delle regioni di formazione stellare; c) ultravioletto a 1500-2300 Å, tracciante delle regioni di formazione stellare; d) ottico, 3500-7000 Å, tracciante delle popolazioni stellari d'età intermedia; e) vicino infrarosso tra 3,6 μm (stelle vecchie, nell'immagine di colore verde), 8 μm (PAH; resa in rosso) e 24 μm (grani di polveri di piccole dimensioni; resa in rosso); f) riga del monossido di carbonio a 2,6 mm, tracciante dell'idrogeno molecolare; g) riga a 21 cm dell'idrogeno atomico neutro HI; h) continuo radio a 20 cm, emissione di sincrotrone dovuta a elettroni relativistici in campi magnetici deboli. Tutte le immagini sono alla stessa scala.

▶ **Figura 2.11** Immagini a diversa lunghezza d'onda della galassia Sb M31, la galassia spirale più vicina alla nostra: a) ultravioletto a 1500-2300 Å, tracciante delle regioni di formazione stellare; b) ottico, a 3500-7000 Å, tracciante delle popolazioni stellari di età intermedia; c) vicino infrarosso a 3,6 μm, tracciante delle stelle evolute; d) vicino infrarosso a 8 μm, tracciante delle PAH; e) infrarosso a 24 μm, tracciante dei piccoli grani di polvere calda; f) lontano infrarosso a 175 μm, tracciante dei grossi grani di polvere di bassa temperatura; g) riga del CO a 2,6 mm, indicatore indiretto dell'idrogeno molecolare; h) riga dell'idrogeno atomico neutro a 21 cm; i) continuo radio a 20 cm, emissione di sincrotrone dovuta a elettroni relativistici in campi magnetici deboli. Tutte le immagini sono alla stessa scala.

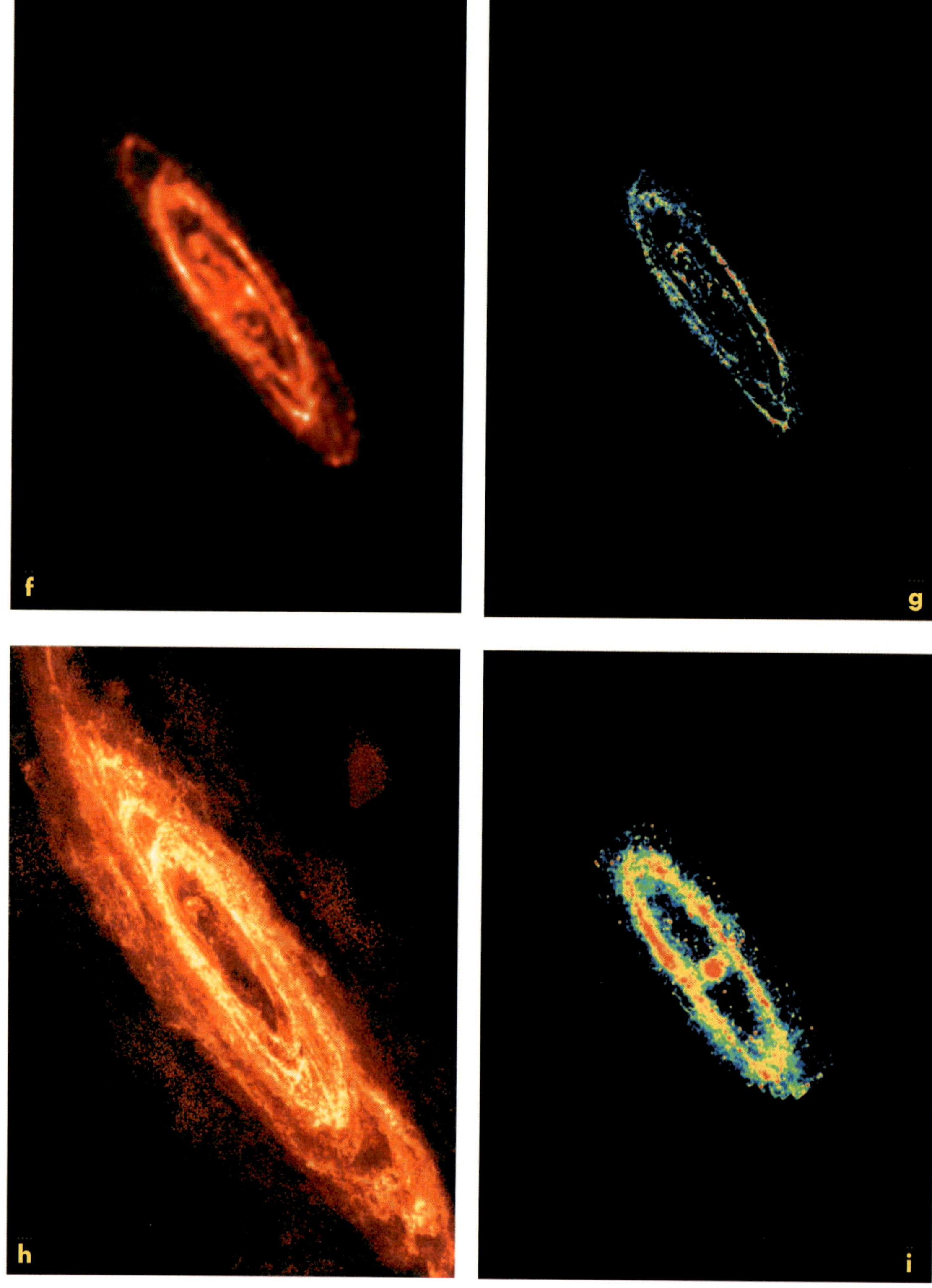
f
g
h
i

(Figura 2.9f), riscaldati principalmente nelle regioni di formazione stellare, sono distribuiti in regioni più compatte e concentrate rispetto ai grossi grani di polvere, che stanno piuttosto nel disco e che vengono riscaldati anche da stelle relativamente fredde ed evolute. Il gas atomico è quasi esclusivamente distribuito lungo i bracci a spirale, là dove nascono nuove stelle.

La galassia M51 è una grande spirale in interazione con la piccola galassia peculiare NGC 5195. Le informazioni che si possono trarre dalle immagini a varie lunghezze d'onda sono sostanzialmente analoghe a quelle che abbiamo ricavato per M81: principalmente distribuiti lungo i bracci a spirale, in regioni relativamente compatte, sono le stelle più giovani e calde (immagini in Hα e nell'ultravioletto), le polveri (infrarosso) e il gas atomico (HI) e molecolare (CO). Le stelle più evolute, come si vede dall'immagine ottica e soprattutto nel vicino infrarosso, si presentano ancora relativamente concentrate lungo i bracci a spirale, ma in modo molto meno marcato rispetto alle stelle più giovani.

Nel caso di M51 abbiamo anche una ripresa nei raggi X. L'immagine non è molto diversa da quella in Hα, con emissione prevalente al centro e lungo i bracci a spirale. Ciò è dovuto al fatto che le sorgenti X sono soprattutto giovani stelle in sistemi binari. La morfologia nel continuo radio è molto simile a quelle in Hα, ultravioletta, infrarossa, e nella luce dell'idrogeno neutro e molecolare. Tutte queste immagini, infatti, possono essere utilizzate per identificare le zone di formazione stellare nelle galassie: le riprese ultraviolette e in Hα sono indicatori diretti, nel senso che evidenziano la distribuzione delle stelle formatesi da poco, mentre le riprese infrarosse sono indicatori indiretti, poiché registrano le emissioni delle polveri riscaldate da stelle giovani. Allo stesso modo, sono indicatori indiretti della formazione stellare le emissioni dell'idrogeno atomico e molecolare, la materia prima da cui nascono le stelle, e l'emissione nel continuo radio, causata dagli elettroni relativistici accelerati nei resti di supernovae. Questi sono i prodotti dell'esplosione di stelle massicce di giovane età.

Le immagini di M51 danno anche un'informazione interessante riguardo alla galassia compagna NGC 5195. Questo oggetto è composto principalmente da stelle vecchie: quasi non è presente nell'immagine ultravioletta, mentre in Hα risulta visibile solo la regione nucleare. Inoltre è chiaramente più povero di gas e polvere rispetto a M51 (nell'immagine infrarossa l'emissione della polvere è resa di colore rosso, mentre è in verde quella delle stelle fredde). Al contrario, risultano abbondanti le stelle vecchie o di età intermedia.

Nella Figura 2.11 abbiamo una sequenza di immagini in diverse bande di M31, la galassia a spirale più vicina alla Via Lattea. Le immagini disponibili purtroppo non coprono tutte le lunghezze d'onda interessanti perché, essendo così vicina, questa galassia risulta essere troppo estesa per essere completamente inquadrata dagli strumenti professionali, che spesso hanno un campo di vista limitato. M31 ha un diametro angolare di circa 6°, dodici volte il diametro del Sole! Allo stesso tempo, però, la sua prossimità permette di risolverne tutte le componenti, comprese le singole stelle, rendendolo uno degli oggetti più interessanti e meglio indagati di tutto il cielo. Ancora una volta, si possono notare le medesime caratteristiche già evidenziate in M81 e M51: le stelle giovani sono distribuite in regioni compatte lungo i bracci a spirale del disco (immagine ultravioletta), mentre le stelle vecchie sono prevalentemente situate nel *bulge* (immagine nel vicino infrarosso). Il gas atomico (HI) e molecolare (CO), la polvere (infrarosso) e gli elettroni relativistici responsabili dell'emissione di sincrotrone (radio) sono distribuiti prevalentemente su un anello. La forte correlazione morfologica tra l'infrarosso e il continuo radio è dovuta al fatto che la popolazione stellare responsabile del riscaldamento delle polveri (stelle massicce) è la stessa che produce e accelera gli elettroni nei campi magnetici. Si può anche notare che il disco dell'idrogeno atomico, che nelle spirali è generalmente più esteso del disco stellare, è perturbato verso l'esterno, forse a causa di un'interazione con le due galassie nane compagne di M31 (M32 e NGC 205).

Per meglio capire quale sia la distribuzione dell'idrogeno atomico neutro rispetto a quella delle stelle nelle galassie isolate possiamo confrontare le immagini ottiche e nella riga a 21 cm delle galassie NGC 6946 e NGC 5055, ottenute alla stessa scala (Figure 2.12 e 2.13). Si può notare che il disco d'idrogeno è circa due volte più esteso del disco stellare. Quanto alla morfologia, nel disco d'idrogeno troviamo all'incirca le stesse strutture presenti nel disco ottico, con bracci a spirale ben marcati che si sviluppano all'esterno del disco stellare.

Allo stesso modo, la distribuzione del gas atomico lungo l'asse perpendicolare al piano galattico è significativamente più estesa di quella delle stelle o delle regioni attive nella formazione stellare, come si può notare nelle immagini radio e Hα (alla stessa scala) di NGC 891 (Figura 2.14). Una ripresa ottica di questa galassia è pubblicata in Figura 1.4.

Le immagini multibanda analizzate finora si riferiscono alle galassie a spirale. Come sono quelle degli altri tipi di galassie? Sappiamo che le ellittiche e le lenticolari sono generalmente meno ricche di gas e di polvere. La loro emissione nelle onde radio spesso è circoscritta alla regione del nucleo. Si possono quindi generalmente ottenere immagini della sola componente stellare. Esistono tuttavia certe galassie, come Centaurus A (Figura 1.37), con un contenuto di gas o polveri. La Figura 2.15 mostra l'immagine infrarossa della galassia lenticolare Sombrero (M104) ottenuta dal Telescopio Spaziale "Spitzer". La banda di polveri che si vede

▲ **Figure 2.12 e 2.13** Immagini ottiche (sinistra) e mappe radio a 21 cm (destra) delle galassie a spirale NGC 6946 (in alto) e NGC 5055 (in basso; WSRT). Il disco di idrogeno neutro HI è molto più esteso del disco stellare (le immagini ottiche e HI sono alla stessa scala). La struttura a spirale delle due galassie è chiaramente presente anche nelle immagini HI.

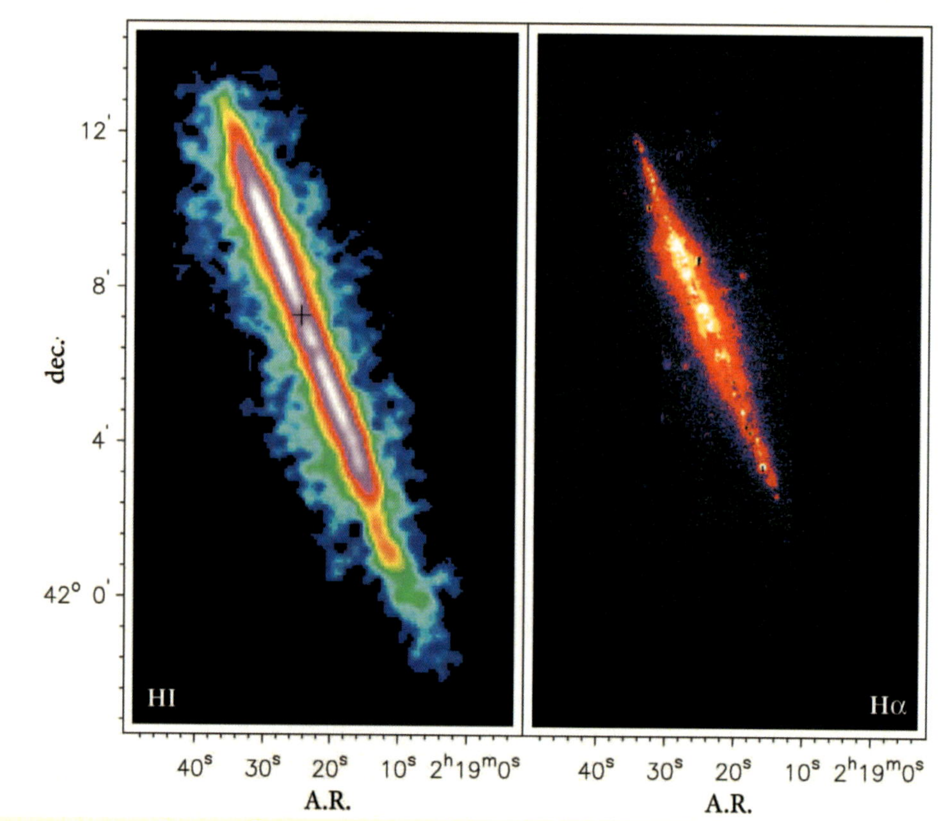

▲ **Figura 2.14** Mappa radio HI a 21 cm (sinistra) e Hα (destra) della galassia vista di taglio NGC 891 (WSRT), la cui immagine ottica è mostrata in Figura 1.4. Il disco HI è molto più esteso nel piano della galassia e nella direzione perpendicolare al disco rispetto alle regioni di formazione stellare, tracciate dall'emissione in Hα.

chiaramente in assorbimento nell'immagine ottica (Figura 1.10) qui, in infrarosso, è evidente in emissione (in rosso). Al centro della galassia si possono notare (in blu) il nucleo e il *bulge*, dominati da stelle vecchie e fredde che emettono principalmente nel vicino infrarosso.

Allo stesso modo, le galassie ellittiche che hanno un nucleo attivo possono essere mappate nelle onde radio e nei raggi X, come nel caso di M87 (Figure 1.8, 1.36 e 4.6). Anche le galassie *starburst* hanno morfologie differenti se osservate a diverse lunghezze d'onda. In Figura 2.16 è riportata un'immagine della galassia attiva M82 in cui si sovrappongono riprese in bande diverse, dai raggi X all'infrarosso. Ci si può facilmente rendere conto che la morfologia di questa galassia cambia profondamente nelle diverse bande spettrali. Un altro esempio analogo è quello del sistema di galassie in interazione detto Antennae (Figura 2.18; immagini dello stesso sistema si trovano nelle Figure 1.31 e 5.8).

2.6. La distribuzione spettrale d'energia delle galassie

Lo spettro globale di una galassia, dall'ultravioletto fino al continuo radio, può essere rappresentato riportando in un grafico i valori dei flussi misurati nelle diverse bande fotometriche in funzione della lunghezza d'onda λ.

I flussi, ottenuti integrando la luce su tutta la superficie di una galassia, devono naturalmente essere misurati in unità fisiche omogenee. In questo modo, si possono anche combinare dati fotometrici, ottenuti a partire da immagini come quelle pubblicate nelle pagine precedenti relative alle galassie M81, M51 e M31, con gli spettri, come quelli mostrati nelle Figure 2.6 e 2.7.

La Figura 2.17 mostra lo spettro globale della galassia NGC 4532 e lo spettro medio di galassie appartenenti a diverse classi morfologiche. In quest'ultimo grafico, M82 e Arp 220 sono galassie *starburst* estremamente attive nella formazione stellare (per un'immagine di M82 si veda anche la Figura 1.30).

Nello spettro di NGC 4532, l'emissione stellare dall'ultravioletto al vicino infrarosso, passando per l'ottico, è quella rappresentata in verde, a lunghezze d'onda minori di 4 μm. L'emissione stellare ha un massimo tra 1 e 2 μm anche in una galassia attiva nella formazione stellare come è NGC 4532, perché le stelle evolute sono comunque dominanti in numero e in massa. Nella banda visuale dello spettro si possono riconoscere le righe d'emissione più importanti (qui rappresentate in rosso).

La parte dello spettro compresa tra 5 e 50 mm è dominata dall'emissione delle PAH e dei grani di polvere di piccole dimensioni. A lunghezze d'onda ancora maggiori, nell'infrarosso tra 50 e 1000 μm, l'emissione è dovuta ai grani di polvere più grossi, il cui contributo conferisce allo spettro la forma tipica di un corpo nero relativamente freddo (circa 20 K), indicato nella figura dalla zona tratteggiata in viola. L'emissione di sincrotrone a spettro di potenza (il tratto rettilineo sulla destra) è riconoscibile nelle onde radio, a lunghezze d'onda superiori al centimetro (10^4 μm).

▲ **Figura 2.15** Immagine infrarossa, qui resa in falsi colori, della galassia lenticolare M104, la galassia Sombrero (Spitzer), la cui immagine ottica è la Figura 1.10. La parte blu segnala la distribuzione delle stelle vecchie costituenti il *bulge* della galassia (vicino infrarosso, 3,6 μm), mentre le polveri, che si rendono visibili a lunghezze d'onda maggiori (8 e 24 μm), qui rese in rosso, si distribuiscono lungo il disco.

▶ **Figura 2.16** Per comporre questa immagine della galassia *starburst* M82, in modo da evidenziare tutte le componenti, sono state sovrapposte, mettendole a registro, un'immagine nei raggi X del satellite Chandra (in blu), una infrarossa dello Spitzer (in rosso), due del Telescopio Spaziale "Hubble": in arancione, per segnalare l'idrogeno ionizzato e in giallo-verde per le stelle giovani. Questa immagine composita può essere confrontata con quelle delle Figure 1.30 e 5.1.

Le galassie a spirale appartenenti a classi morfologiche diverse hanno spettri assai simili: le uniche differenze rimarcabili sono un'emissione più importante nell'ultravioletto per le spirali di tipo Sc e Sd e per le irregolari (Im e BCD), riconducibile alla presenza di stelle giovani e calde, assenti nelle galassie ellittiche e lenticolari. Le galassie a formazione stellare intensa, come M82 e Arp 220, sono invece caratterizzate da un'emissione infrarossa molto più pronunciata che nelle spirali. In questi oggetti, la polvere può raggiungere temperature relativamente eleva-te, fino a un centinaio di K: lo si nota dal fatto che il picco dell'emissione nell'infrarosso si col-loca a lunghezze d'onda minori rispetto a quello delle spirali normali.

Quale è la frazione di energia emessa da ogni componente (stelle, polvere, gas…) di una galassia? Le proporzioni cambiano a seconda del tipo morfologico? Gli astronomi si pongono queste domande per capire quanto sia diversa la natura dei vari tipi di galassie e la ricostruzio-ne della distribuzione spettrale d'energia è uno strumento tra i più efficaci per poter dare una risposta.

La distribuzione spettrale d'energia può essere ottenuta dallo spettro globale, tenendo conto del fatto che quanto più piccola è la lunghezza d'onda dei fotoni emessi, tanto più la radiazio-ne è energetica: i fotoni ultravioletti, in effetti, sono molto più energetici dei fotoni ottici o radio. La fisica ci insegna infatti che l'energia E di un fotone è data dalla relazione:

$$E \text{ (fotone)} = h\,\nu = h\,c\,/\,\lambda$$

dove h è la costante di Planck ($h = 6{,}63 \cdot 10^{-34}$ J·s) e ν è la frequenza. Per esempio, un fotone vio-letto, la cui lunghezza d'onda è circa la metà di quella di un fotone rosso, ha un'energia che è circa doppia.

Di conseguenza, anche se le galassie normali hanno uno spettro dominato dall'emissione infrarossa (con un massimo a circa 200 μm), poiché i fotoni di quelle lunghezze d'onda sono di bassa energia, emettono nell'ultravioletto una quantità d'energia paragonabile a quella rila-sciata nella banda dell'infrarosso. Ciò non vale, però, per le galassie *starburst* come M82 o Arp 220, che sono fortissime sorgenti infrarosse. Indicativamente, nelle galassie normali, l'energia emessa nell'infrarosso dai grani di polveri è circa uguale al totale di quella emessa dalle stelle nell'ultravioletto, nel visibile e nel vicino infrarosso. Nelle galassie in cui la formazione stellare procede a ritmi elevati, l'emissione infrarossa è tra 10 (M82) e 100 (Arp 220) volte più intensa di quella delle stelle.

La Figura 2.18 confronta le immagini infrarossa e ottica di una galassia *starburst*, il noto

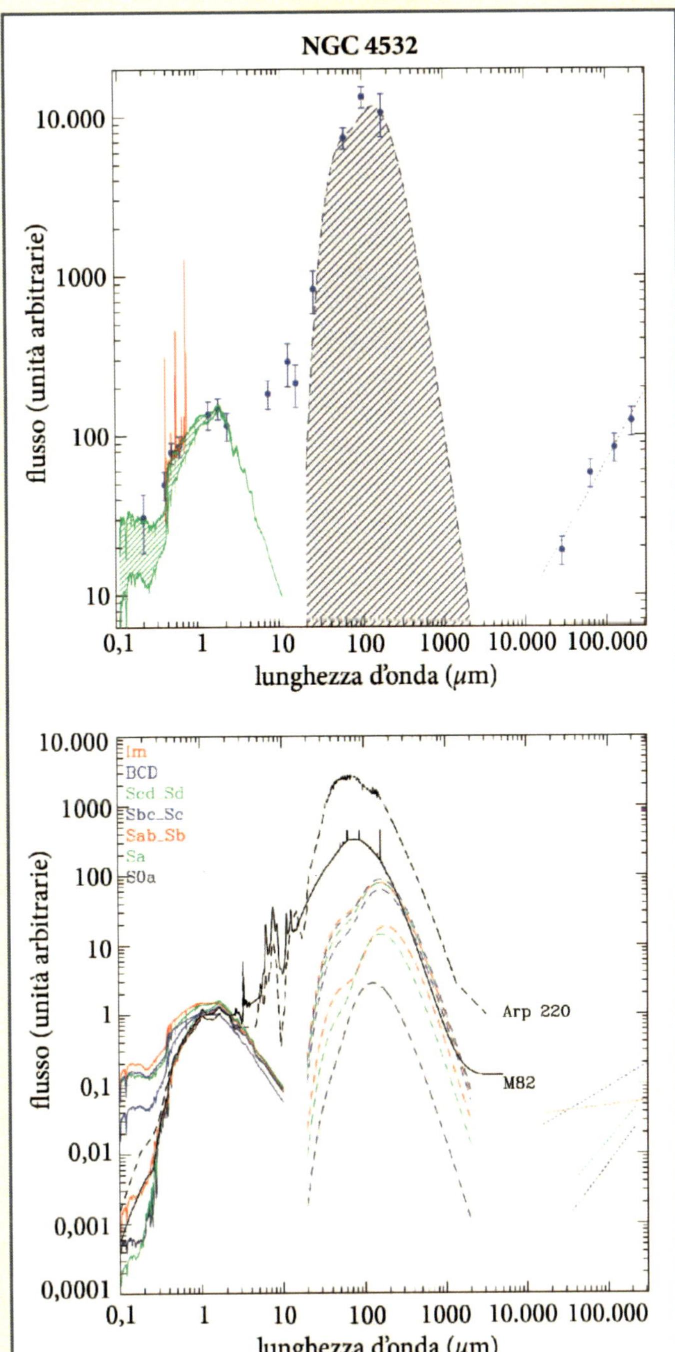

▶ **Figura 2.17** Spettro globale della galassia Sm NGC 4532 (in alto). Si può riconoscere l'emissione delle stelle giovani (nell'ultravioletto, λ < 0,35 μm), delle stelle d'età intermedia (in ottico, 0,35 < λ < 0,75 μm), delle stelle vecchie (nel vicino infrarosso, 0,75< λ <4 μm), delle PAH (nel medio infrarosso, 4< λ <15 μm), dei piccoli grani di polvere (nel medio infrarosso, 15< λ <50 μm), dei grossi grani (nel lontano infrarosso, 50< λ <1000 μm) e degli elettroni relativistici in presenza di campi magnetici (nel radio centimetrico, λ >10.000 μm). I punti blu indicano le diverse misure fotometriche (con il loro errore) disponibili per la galassia. La linea continua verde è lo spettro stellare (continuo) ottenuto dal modello di galassia che meglio riproduce le osservazioni. La parte tratteggiata mostra la correzione applicata ai dati per tener conto della luce assorbita dalla polvere all'interno della galassia. Le righe in rosso sono quelle dello spettro visibile già mostrate in Figura 2.6. La parte tratteggiata in grigio rappresenta l'emissione di corpo nero della polvere fredda (circa 20 K). La linea rettilinea punteggiata sulla destra della figura mostra lo spettro di emissione di sincrotrone nelle onde radio.

La figura in basso mostra la distribuzione spettrale d'energia per galassie di diverso tipo morfologico. Le galassie attive, come M82 o Arp 220, emettono la maggior parte dell'energia nell'infrarosso: l'emissione ultravioletta viene in larga misura assorbita dalle polveri (e riemessa nell'infrarosso).

sistema di galassie in interazione che è detto Antennae (vedi anche le Figure 1.31 e 5.8). La polvere, che si riconosce facilmente in assorbimento nell'immagine ottica, viene riscaldata dalle stelle, e la sua energia viene riemessa nell'infrarosso. L'immagine infrarossa indica che il massimo dell'emissione coincide con la regione situata nella zona di sovrapposizione fra le due galassie, là dove ha luogo l'interazione più stretta: lì, evidentemente, è più attiva la formazione stellare. Da notare che non sarebbe altrettanto agevole individuare le regioni in cui nascono più stelle analizzando la sola immagine ottica: le regioni di formazione stellare vengono infatti parzialmente nascoste dalle polveri, che sono opache alla radiazione visibile e causano una notevole estinzione della radiazione in questa banda (si veda il paragrafo 2.7).

Le *survey* infrarosse (osservazioni sistematiche di tutto il cielo) sono naturalmente le strategie osservative più efficaci per scoprire sorgenti di questa natura. Il satellite IRAS ha effettuato il primo censimento completo del cielo in quattro bande infrarosse (12, 25, 60 e 100 µm). L'analisi di quelle riprese ha rivelato l'esistenza di una categoria di oggetti extragalattici estremamente luminosi in infrarosso, che i ricercatori hanno chiamato ULIRG (*Ultra Luminous InfraRed Galaxies*). Si tratta tipicamente di galassie *starburst*, del tipo delle Antennae o di Arp 220.

2.7. L'estinzione nelle galassie

Come si è già detto nei precedenti paragrafi, la luce emessa dalle stelle (ultravioletta, ottica o vicino infrarosso, a seconda dell'età) può essere in parte assorbita dalla polvere del mezzo interstellare prima che raggiunga l'osservatore terrestre. Se vogliamo determinare con precisione la luminosità intrinseca di una galassia, dobbiamo quindi tenere conto del fatto che la luce osservata a una determinata lunghezza d'onda potrebbe non corrispondere al totale della luce effettivamente emessa dalle stelle. Tutte le misure devono dunque essere corrette per questo effetto, comunemente chiamato *estinzione*.

L'immagine ottica della galassia M64, a volte chiamata "Occhio Nero", (Figura 2.19), mostra chiaramente come la polvere possa cambiare radicalmente l'aspetto di una galassia. La polvere, riconoscibile come una banda scura, in effetti agisce come un filtro sulla luce emessa dalle stelle retrostanti, un filtro che è quasi totalmente opaco, nel caso di M64. Essendo più marcato nell'ultravioletto che nell'ottico, ed essendo quasi trascurabile nel vicino infrarosso, l'assorbimento determina non solamente un drastico calo della luminosità apparente della galassia, ma anche un arrossamento del suo colore. Il fenomeno è lo stesso che arrossa il Sole all'alba o al tramonto: attraversando l'atmosfera terrestre, la componente blu della luce del Sole viene mag-

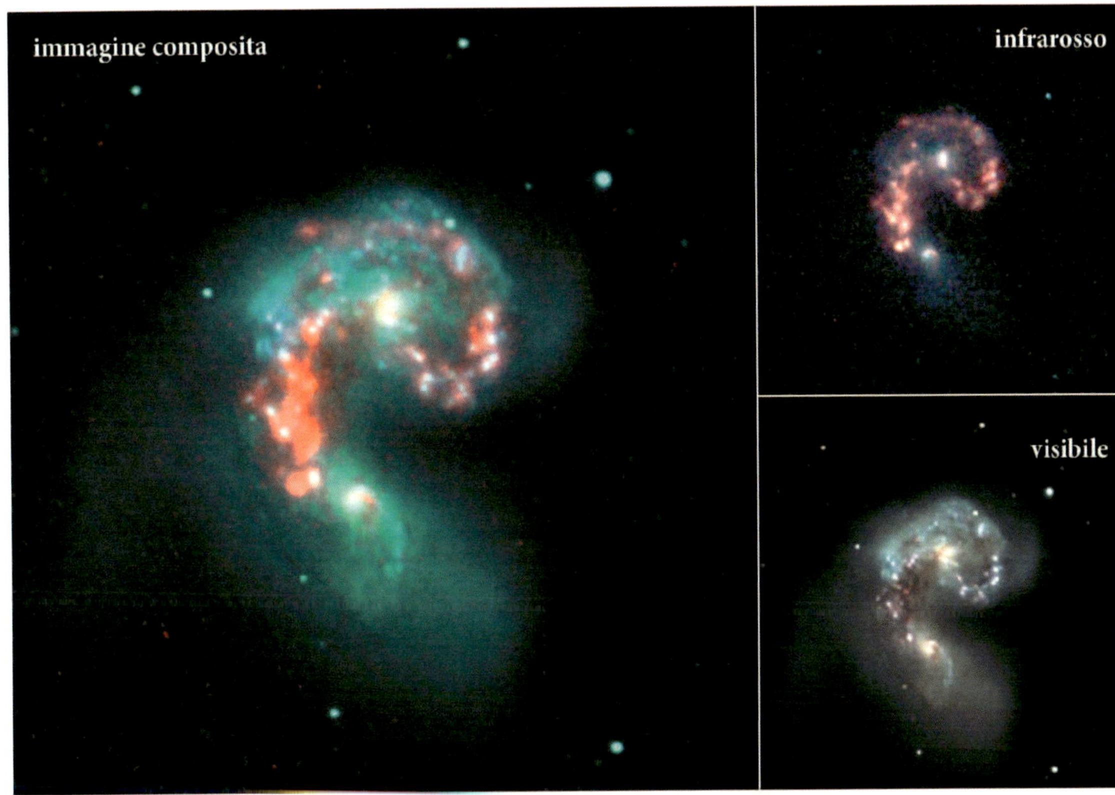

▲ **Figura 2.18** Confronto delle immagini infrarossa (in alto a destra) e ottica (in basso a destra) del sistema in interazione NGC 4038/4039, generalmente chiamato Antennae (Spitzer). L'immagine di sinistra è quella combinata in infrarosso-ottico. L'immagine di queste galassie è mostrata anche nelle Figure 1.31 e 5.8.

giormente assorbita dalle polveri in sospensione rispetto a quella rossa e l'effetto è tanto più marcato quanto maggiore è il cammino che la luce percorre in atmosfera. Tale cammino è massimo quando il Sole è basso sull'orizzonte e la luce ci giunge radente.

Oltre che assorbita, la luce viene anche diffusa dai grani di polvere. Il processo di diffusione è lo stesso processo che rende chiaro il cielo durante il giorno: la luce del Sole (bianca) è diffusa dalle molecole del gas che compongono l'atmosfera e assume una colorazione blu. Fisicamente questo fenomeno può essere paragonato a una riflessione parziale della luce da parte delle particelle di polvere, che agiscono come un vecchio specchio rovinato o come la sabbia di una spiaggia illuminata dalla luce radente del Sole al tramonto (la riflessione della luce non è totale, ma solo parziale). Mentre l'assorbimento arrossa le galassie (la luce rossa è meno assorbita di quella blu), la diffusione ha piuttosto tendenza a renderne il colore più blu. L'estinzione della luce emessa dalle galassie è quindi l'effetto combinato dell'assorbimento e

▶ **Figura 2.19** In questa pagina, l'immagine ottica, presa dal Telescopio Spaziale "Hubble" della galassia a spirale M64 ("Occhio Nero"). La banda oscura è la polvere interstellare che si addensa sul piano galattico e che opera come uno schermo quasi completamente opaco alla luce delle stelle retrostanti. Nella pagina a fianco, la galassia è stata ripresa nel vicino infrarosso dal telescopio giapponese Subaru. A queste lunghezze d'onda, la banda è molto meno evidente, poiché le distese di polveri sono più trasparenti alla luce infrarossa.

della diffusione. Essendo l'assorbimento sempre dominante rispetto alla diffusione, l'estinzione ha come risultato finale quello di diminuire e di arrossare la luce delle galassie.

Naturalmente, si deve tener conto anche dell'estinzione galattica, dovuta alle distese di polveri della Via Lattea che la luce di una galassia deve attraversare, e dell'estinzione atmosferica, quando si opera con telescopi al suolo.

È possibile tenere conto dell'estinzione, correggendo le misure ultraviolette, ottiche e nel vicino infrarosso, a patto che si abbiano a disposizione certi dati complementari e che le osservazioni siano eseguite seguendo regole precise. L'estinzione all'interno delle galassie può essere valutata considerando che l'energia assorbita dalle polveri le ha riscaldate ed è stata in seguito riemessa nell'infrarosso. Se ne può quindi ricavare una stima. La Figura 2.17, che rappresenta la distribuzione spettrale d'energia della galassia NGC 4532, mostra come possa essere fatta questa correzione in un caso reale. L'energia emessa dalla polvere, calcolabile dall'integrale dello spettro tra qualche micrometro e 1 mm circa (è grosso modo l'ampia zona tratteggiata in viola), corrisponde alla frazione di energia che le stelle hanno emesso originariamente a lunghezze d'onda più corte, ma che un osservatore esterno alla galassia non è in grado di osservare perché è stata assorbita dalle polveri (l'assorbimento corrisponde all'area tratteggiata in verde). Sapendo che l'estinzione è più marcata nell'ultravioletto che nel visibile o nel vicino infrarosso, e tenendo conto di effetti di geometria legati alla distribuzione delle polveri e delle stelle nelle galassie, possiamo determinare l'estinzione specifica a ogni lunghezza d'onda e

quindi correggere lo spettro osservato (riga verde fine) per ottenere lo spettro reale (riga verde spessa) di NGC 4532.

L'estinzione galattica può essere valutata grazie al fatto che le osservazioni infrarosse della Via Lattea ci hanno permesso di realizzare una mappa completa della distribuzione delle polveri. Possiamo quindi conoscere la quantità di polveri galattiche che la luce di una lontana galassia deve attraversare prima di giungere fino a noi e correggere le misure di conseguenza.

L'estinzione atmosferica può essere facilmente determinata osservando stelle a diverse altezze sull'orizzonte. Più una stella è alta in cielo, meno atmosfera la sua luce deve attraversare prima di arrivare all'osservatore al suolo e minore è l'estinzione atmosferica, la quale può essere calcolata confrontando il flusso e il colore osservato di un certo numero di stelle di calibrazione con il loro valore nominale. A parità di altezza sull'orizzonte, l'estinzione atmosferica è esattamente la stessa per le stelle e per le galassie.

3. La fisica delle galassie

Le diverse componenti di una galassia (gas, polvere, stelle, campi magnetici…) non evolvono ciascuna per proprio conto, ma interagiscono fortemente fra loro. In questo capitolo, studieremo i processi fisici responsabili di queste interazioni, con un'attenzione particolare per il processo di formazione stellare.

◀ **Figura 3.1** La nebulosa Testa di Cavallo, nel complesso di Orione, in un'immagine ottica del telescopio CFHT. La distribuzione del gas atomico e molecolare e della polvere all'interno delle nubi molecolari è assai disomogenea, e può conferire alle nebulose aspetti molto originali.

3.1. **Il mezzo interstellare**

Con il termine di *mezzo interstellare* si intende tutta la materia diffusa tra le stelle di una galassia. È costituito da gas, atomico o molecolare, nello stato neutro o ionizzato, oltre che da polveri.

L'idrogeno atomico, l'elemento di gran lunga più abbondante nell'Universo, dove è presente con percentuali di circa il 90% in numero di atomi e del 76% della massa totale della materia visibile, costituisce la componente principale del mezzo interstellare dei dischi delle galassie a spirale e irregolari, mentre le ellittiche e le lenticolari ne contengono generalmente poco.

L'idrogeno atomico neutro (HI) è distribuito su un disco molto più esteso e spesso del disco stellare. Le immagini precedenti (Figure 2.9-2.13) rivelano che, se si guarda in dettaglio la struttura delle galassie, l'HI è soprattutto situato lungo i bracci a spirale, ma è presente anche nelle regioni di bassa densità situate tra i vari bracci.

Il gas atomico deve raffreddarsi e condensare nella fase molecolare per poter raggiungere le densità necessarie affinché possa collassare gravitazionalmente e formare nuove stelle. Il gas molecolare sembra essere più concentrato del gas atomico, anche se resta parecchio incerta la sua distribuzione, soprattutto nelle regioni più esterne dei dischi galattici, dove la radiazione stellare non è sufficientemente intensa per eccitarlo e renderlo visibile ai nostri strumenti. In media, il contenuto di gas molecolare delle galassie a spirale è circa il 15-20% del gas atomico. Come per l'HI, anche il gas molecolare è presente soprattutto nei bracci delle spirali, ma anche negli spazi tra un braccio e l'altro.

Su più piccola scala, l'idrogeno molecolare (H_2), che è la componente dominante del gas molecolare, ha una distribuzione molto disomogenea. All'interno di regioni caratterizzate da gas diffuso atomico e molecolare di bassa densità (dell'ordine di 100 molecole/cm^3), esistono zone da dieci a cento volte più dense, relativamente ben circoscritte e spesso autogravitanti, che sono dette *nubi molecolari giganti*. La loro massa tipica va da qualche migliaio a qualche milione di masse solari, e le dimensioni sono tra qualche decina e qualche centinaio di anni luce.

Nelle parti centrali delle nubi molecolari giganti vi sono zone in cui la densità del gas, qui tutto nella fase molecolare, è ancora cento volte più elevata (circa 10^6 molecole/cm^3). È in queste zone che nascono le stelle. La distribuzione della materia (gas e polvere) dentro queste regioni è estremamente disomogenea, e talvolta assume forme assai originali e spettacolari, come nel caso della celebre nebulosa Testa di Cavallo, nel complesso di Orione (Figura 3.1).

L'idrogeno molecolare si forma per condensazione dell'idrogeno atomico, con i grani di polvere che fungono da catalizzatori. Nelle nubi primordiali che diedero vita alle stelle della prima generazione la polvere era del tutto assente: in quelle circostanze, il gas atomico si trasformò in gas molecolare passando attraverso reazioni chimiche molto lente.

La polvere è costituita dagli elementi pesanti ("metalli", nel gergo degli astronomi) generati dalla nucleosintesi stellare. Come si è già detto, la polvere è composta da grani di dimensioni, forma e composizione diverse: ci sono gli idrocarburi policiclici aromatici (PAH), i grani molto piccoli (VSG) e i grani grossi (BG). La polvere è presente nel disco delle galassie a spirale in modo molto disomogeneo.

Le osservazioni del mezzo interstellare della nostra Galassia ci hanno permesso di dedurre che, in generale, la polvere è distribuita come il gas: il rapporto tra la densità del gas e della polvere è all'incirca costante. La polvere più calda, costituita principalmente da PAH e VSG, è facilmente osservabile nei bracci a spirale, in particolare nelle vicinanze delle regioni di formazione stellare. Ciò dipende dal fatto che per rivelarla occorre la presenza di stelle in grado di riscaldare adeguatamente i grani.

La polvere più fredda, costituita dai BG, può essere osservata anche nelle regioni tra i bracci e nelle parti esterne del disco ottico, in particolari strutture che sono dette *cirri*, in analogia con i cirri dell'atmosfera terrestre. Anche se fossero presenti, i grani di polvere più piccoli qui non sarebbero facilmente osservabili perché mancano adeguate sorgenti di radiazione energetica capaci di riscaldarli, come sono le stelle giovani e calde.

Il mezzo interstellare è immerso nel campo di radiazione generato dalle stelle di una galassia. La luce trasmette energia al gas e alle polveri interstellari: si viene così a creare una situazione di equilibrio energetico tra la radiazione e la materia. Naturalmente, i parametri fisici che contraddistinguono tale situazione di equilibrio dipendono fortemente dalle caratteristiche del campo di radiazione, ossia dall'energia media dei fotoni e dal loro numero, oltre che dalla densità del gas interstellare, dalla sua composizione, dalla natura e dalla quantità delle polveri. Delineare un modello fisico per questo equilibrio è relativamente complesso.

▲ ▶ **Figura 3.2** Immagine ottica della galassia spirale M33 (CFHT). Le regioni di formazione stellare di questa galassia sono facilmente riconoscibili come le strutture rossastre che si rincorrono lungo i bracci a spirale. La più importante tra queste, cerchiata in alto a sinistra, NGC 604, è ripresa ingrandita nella pagina accanto (HST). Sono dette regioni HII, perché in esse il gas è in larga misura ionizzato.

Quando il flusso luminoso è dominato dai fotoni energetici riversati nello spazio dalle stelle più giovani e massicce, l'idrogeno molecolare viene dissociato in idrogeno atomico e questo viene ben presto ionizzato dalla radiazione ultravioletta: in tal modo, si ha la formazione di una regione HII.

Le regioni HII della galassia M33 sono le zone rosse facilmente identificabili lungo i bracci a spirale nella Figura 3.2: esse recano testimonianza di una recente attività di formazione stellare. Il gas residuo che non è stato dissociato va a formare altre stelle, e così di seguito fin quando tutto il gas è ionizzato. La seconda immagine nella Figura 3.2 è un ingrandimento di NGC 604, la regione HII più brillante di M33: la ripresa è del Telescopio Spaziale "Hubble".

Il gas molecolare che si trova nei dintorni di stelle giovani viene facilmente dissociato. Tuttavia, quando la densità del gas è sufficientemente elevata, come si registra nelle parti centrali delle nubi molecolari giganti, non sempre la radiazione ionizzante riesce a filtrare. Gli strati più densi di gas e di polveri creano una sorta di schermo di protezione per le parti più interne. Nel guscio esterno delle nubi molecolari giganti il gas viene dissociato, ma non nel nucleo più interno e denso. Le regioni di transizione dove il gas è solo parzialmente dissociato sono generalmente chiamate *regioni di fotodissociazione*.

L'effetto della radiazione ultravioletta sulla polvere è quello di scaldarne i grani. Le PAH, le particelle fini e i grani grossi assorbono efficacemente la luce ultravioletta e, di conseguenza, la loro temperatura aumenta. I grani più grossi raggiungono l'equilibrio termico con la radiazione: tanta è l'energia che assorbono nell'ultravioletto, tanta è quella che riemettono nel lontano infrarosso, con uno spettro di corpo nero. Le PAH, invece, si scaldano e si raffreddano quasi istantaneamente, emettendo energia sotto forma di righe, come un atomo che si diseccita. In alcuni casi, quando l'energia e il flusso della radiazione incidente è troppo forte, può anche capitare che le molecole delle PAH vengano distrutte (fotodissociazione). Queste condizioni sono assai frequenti nelle galassie nane blu compatte, dove il campo di radiazione è dominato dalla luce ultravioletta di stelle neonate e dove il contenuto di polveri è molto basso. Le nane blu compatte sono generalmente sistemi molto giovani e le loro stelle non hanno avuto abbastanza tempo per sintetizzare metalli in abbondanza e riversarli nello spazio: poiché i metalli sono la materia prima dei grani di polveri, ecco spiegata la scarsa abbondanza di polveri in queste piccole galassie.

Gas e polveri vengono comunque scaldati anche dai fotoni di bassa energia emessi dalle stelle evolute, che sono la componente più ricca, in numero, della popolazione stellare di tutte le galassie, anche delle più attive nella formazione di nuove stelle. Dunque, anche la luce, nella banda visuale e nell'infrarosso vicino, contribuisce, seppure in minor misura, a trasferire energia al mezzo interstellare.

3.2. La formazione stellare

Le stelle si formano nelle nubi molecolari. Per poter raggiungere la densità critica necessaria per innescare il collasso gravitazionale che culminerà nella formazione di una nuova stella, il gas diffuso deve prima di tutto raffreddarsi. Infatti, se il gas non è abbastanza freddo, l'agitazione termica degli atomi determina una pressione che si oppone al collasso e, di fatto, lo inibisce. Il raffreddamento del gas è possibile grazie al fatto che la componente molecolare, creando una sorta di filtro di protezione, intercetta la radiazione delle stelle circostanti, impedendole di penetrare all'interno delle nubi. Una frazione importante dell'energia assorbita, che non contribuisce al riscaldamento del gas nella parte più interna, viene riemessa nell'infrarosso nelle righe proibite del carbonio ionizzato [CII] e dell'ossigeno neutro [OI].

Quando il gas supera una certa densità critica, e se è abbastanza freddo da far sì che la pressione non possa contrastare le forze gravitazionali, la materia inizia a cadere verso il centro della nube.

Il processo del collasso può essere facilitato se agisce una pressione esterna, per esempio quella alimentata dai venti di particelle che emanano da stelle massicce formatesi precedentemente nelle regioni vicine. Al procedere del collasso, al centro si determina un progressivo aumento della densità e anche della temperatura del gas; quando questa supera la soglia necessaria per innescare le reazioni di fusione nucleare (tra 10 e 100 milioni di gradi), al centro comincia a liberarsi energia: è l'atto di nascita di una nuova stella. L'energia che scaturisce dalla fusione nucleare permetterà alla stella di brillare per tutta la sua esistenza.

Le Figure 3.3-3.6 offrono qualche esempio di regioni di formazione stellare nella nostra Galassia. La Bubble Nebula (NGC 7635) è una regione HII sferica nella costellazione di Cassiopea che si sta espandendo all'interno di una nube molecolare gigante per la pressione del vento di particelle espulso dalla stella neonata al centro della bolla. La Grande Nebulosa d'Orione (M42) è una delle regioni di formazione stellare più vicine al Sole. Nella Figura 3.5 viene ripresa solo la sua parte centrale.

▲ ▶ **Figure 3.3 - 3.6** Qualche esempio tipico di regione di formazione stellare nella nostra Galassia. Nell'ordine di pubblicazione: la Bubble Nebula (Figura 3.3; CFHT), RCW 108 (3.4; ESO), il centro di M42, la Grande Nebulosa di Orione (3.5; ESO) e S106_IRS4 (3.6; Subaru). La distribuzione del gas e delle polveri in queste regioni è molto disomogenea. I vari colori sono indicativi della presenza di diverse componenti gassose.

Guardando più in dettaglio, per esempio utilizzando le immagini ad alta risoluzione del Telescopio Spaziale "Hubble" (HST), si può notare come la distribuzione del gas e della polvere sia molto disomogenea sia su grande che su piccola scala. Istruttivo, al riguardo, il caso della Nebulosa Aquila (M16), nella costellazione del Serpente, mostrata in tre scale diverse nelle Figure 3.7, 3.8 e 3.9. L'ultima foto ritrae gli ormai famosi "Pilastri della Creazione", una delle immagini più spettacolari realizzate dall'HST.

La presenza di diverse regioni di alta densità all'interno della stessa nube molecolare permette la formazione quasi simultanea di molte stelle di diversa massa. Nonostante la loro struttura complessa e irregolare, all'interno delle nubi molecolari le zone di alta densità si presentano distribuite statisticamente in un modo abbastanza regolare e gerarchizzato: quelle che raccolgono più materia sono generalmente meno numerose di quelle di piccola massa. Anche la formazione stellare riflette questa gerarchia: la distribuzione per numero, in funzione della massa, delle stelle generate da una nube molecolare gigante è la cosiddetta *Funzione di Massa Iniziale* (IMF). L'IMF è una funzione statistica che descrive la probabilità relativa di formazione di stelle di diversa massa. Le stelle più massicce (fino a cento volte la massa del Sole) sono di gran lunga più rare delle stelle di massa solare, e queste ultime sono assai più rare delle stelline di piccola massa (fino a circa un decimo della massa del Sole). Le osservazioni e gli studi finora effettuati sembrano indicare che l'IMF delle galassie ha una portata universale, nel senso che la distribuzione statistica delle masse stellari è sostanzialmente la stessa in tutti i tipi di galassie.

3.3. **L'evoluzione stellare e il ciclo gas-stelle**

Una volta formate, le stelle evolvono in un modo che dipende essenzialmente dalla loro massa. Il processo di fusione nucleare è innescato quando la temperatura è sufficientemente alta per fare sì che la velocità media d'agitazione termica dei nuclei riesca a sopraffare le forze repulsive elettrostatiche che tendono ad allontanarli l'uno dall'altro, per il fatto che essi portano cariche elettriche positive. Quando la distanza tra i nuclei atomici scende al di sotto di una certa soglia, entrano in campo anche le forze nucleari, che operano solo a scale ultramicroscopiche. Queste forze sono attrattive e sono più intense delle forze di repulsione elettrostatica: i nuclei degli atomi possono quindi unirsi per formare altri nuclei, rilasciando al contempo energia. Questo perché nel processo di fusione si ha una piccola perdita di massa: la somma delle masse dei nuclei che partecipano alla reazione è leggermente maggiore della massa del nucleo che emerge dalla fusione; nel caso della fusione dell'idrogeno, i quattro protoni di partenza sono più massicci del nucleo dell'elio che si ritrova alla fine. Questa perdita di massa libera energia secondo la famosa relazione $E = mc^2$, dove m è la massa che va apparentemente persa.

Il processo di fusione dell'idrogeno che conduce alla formazione dell'elio può seguire due catene di reazioni diverse. Una assai lenta, che si rende possibile a temperature relativamente basse come quella del Sole (15 milioni di gradi): si chiama *ciclo p-p* e passa attraverso la formazione del deuterio, un isotopo dell'idrogeno il cui nucleo è costituito da un protone e da un neutrone. L'altra, più rapida ma che richiede una temperatura più elevata (più di 20 milioni di gradi), si produce nelle stelle più massicce del Sole: si chiama *ciclo CNO* e passa attraverso i nuclei del carbonio (C), dell'azoto (N) e dell'ossigeno (O), prodotti da precedenti reazioni.

La fase relativa alla fusione dell'idrogeno è la più lunga nella vita di una stella: durante questa fase, le stelle mantengono luminosità e temperatura fotosferica circa costanti, più elevate quanto più la loro massa è grande. In un diagramma luminosità-temperatura, queste stelle si trovano in una regione ben definita del grafico, che prende il nome di *Sequenza Principale*.

Per le stelle di massa piccola o intermedia, quando tutto l'idrogeno nel nucleo si è trasformato in elio, la stella si ritrova con il serbatoio di gas che alimenta la fusione virtualmente esaurito, e di conseguenza diminuisce gradualmente la sua attività energetica nucleare. Le forze gravitazionali non sono quindi più controbilanciate dalla pressione dell'energia termica sviluppata dalla fusione e hanno la meglio su di essa: la stella collassa, provocando un aumento della pressione e della densità e, di conseguenza, della temperatura nel suo centro. Il sottile strato che circonda il nucleo, ancora ricco di idrogeno, aumenta anch'esso di temperatura. Una volta superati i 20 milioni di gradi, la fusione dell'idrogeno passa attraverso il ciclo CNO,

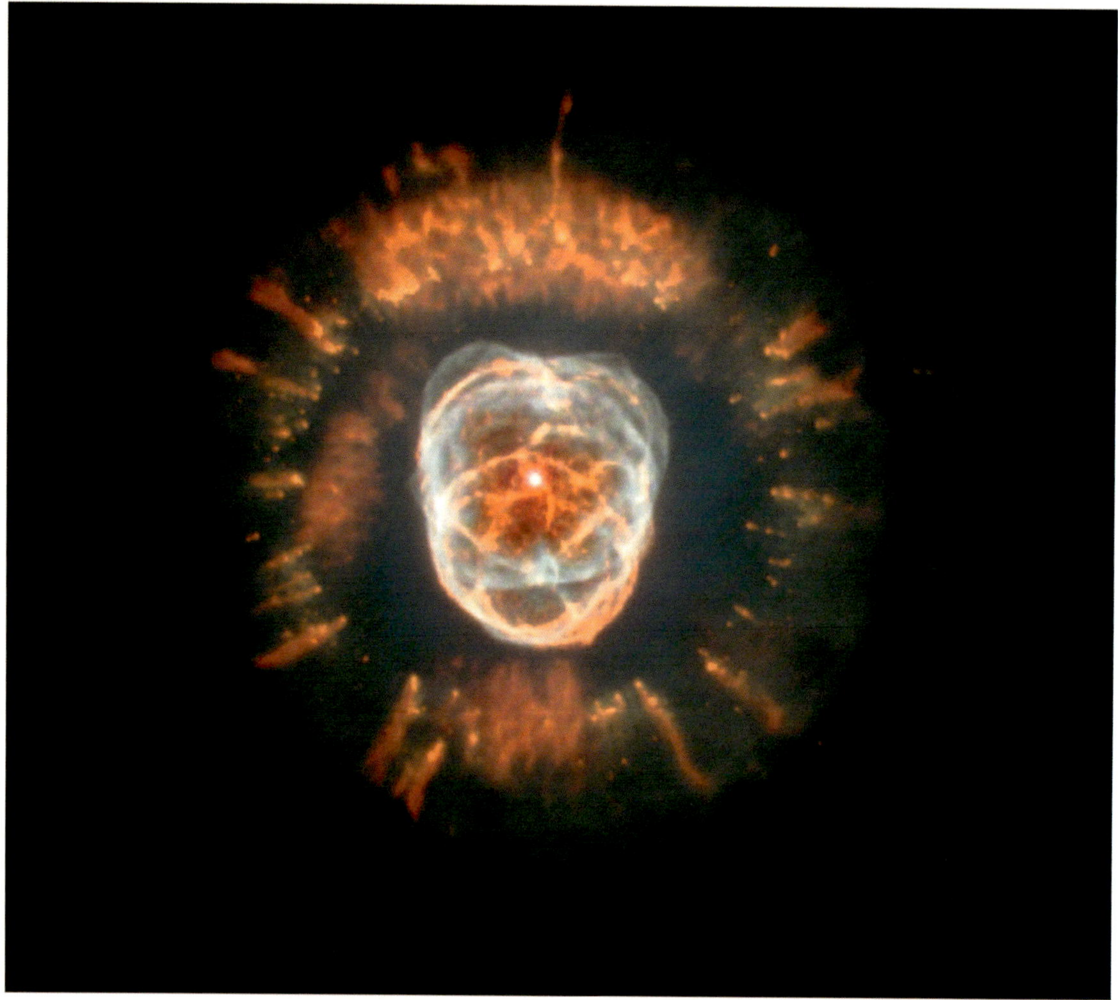

più rapido, e la stella assorbe questa sovrapproduzione d'energia gonfiandosi, ma diminuendo al contempo la sua temperatura superficiale. Diventa così una *gigante rossa*, o una *supergigante rossa* nel caso delle stelle di grande massa.

Il nucleo di elio continua a contrarsi, aumentando la temperatura: una volta raggiunti i 100 milioni di gradi, l'elio va soggetto a un nuovo tipo di fusione, che produce gli elementi più pesanti, come il carbonio e l'ossigeno. Il nucleo riacquista un suo equilibrio, fino a quando consuma completamente l'elio. Passando attraverso tappe intermedie assai complesse, alla fine le stelle perdono molta della loro massa liberandosi degli strati esterni: ciò che resta è solo un nucleo molto denso e caldo. Questo nucleo, che emette intensamente nell'ultravioletto, ionizza la materia espulsa, dando vita a una *nebulosa planetaria*. Una volta diluita nello spazio la materia espulsa, queste stelle terminano la loro esistenza sotto forma di un oggetto com-

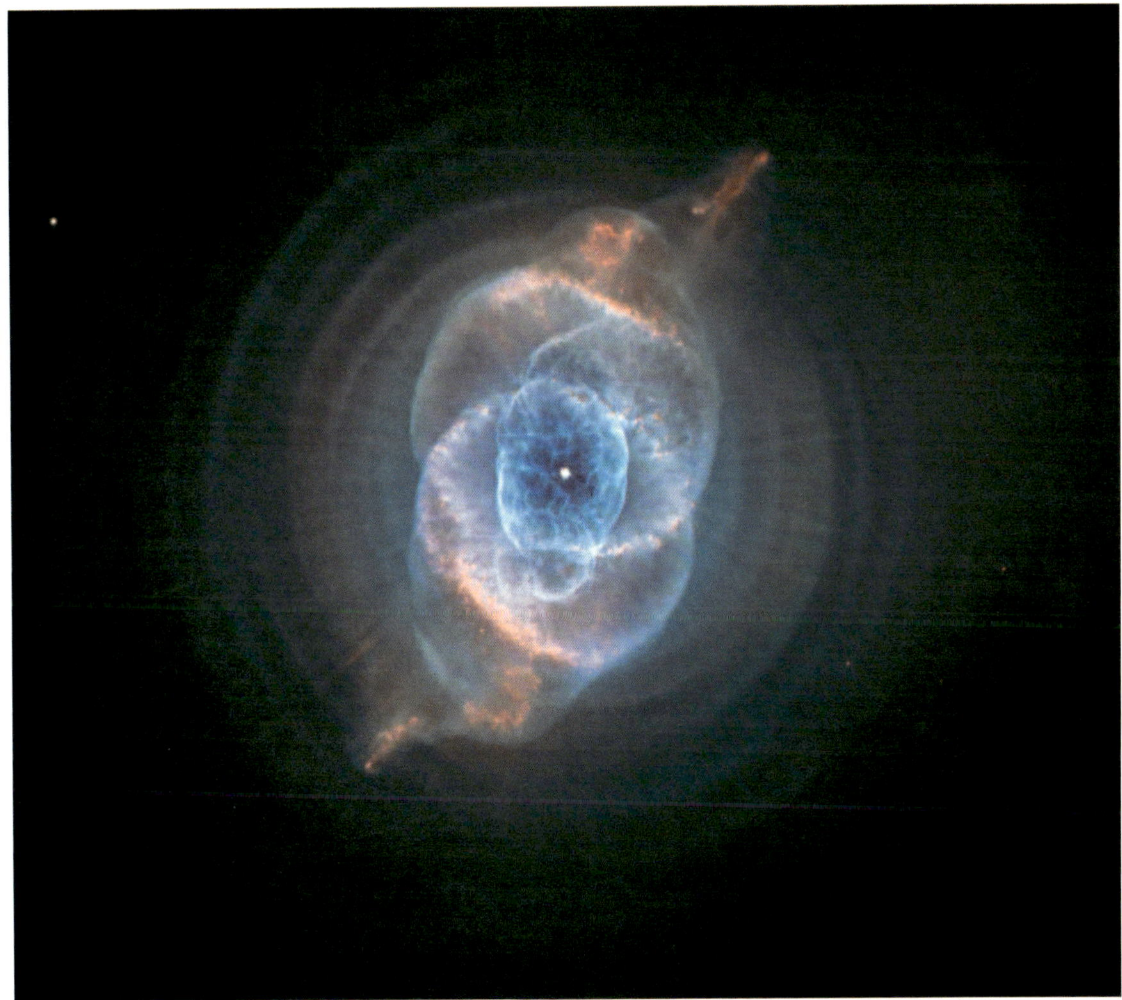

patto di piccola massa, una *nana bianca*. Esempi di nebulose planetarie sono mostrati nelle Figure 3.10-3.12.

Quando nel nucleo termina anche l'elio, se la massa della stella è sufficientemente elevata (più di 10 masse solari), nella contrazione gravitazionale che ne consegue si possono raggiungere temperature così elevate da innescare la fusione del carbonio, e in tempi successivi quella dell'azoto, dell'ossigeno ecc. fino al ferro. A questo punto, il processo di fusione non rilascia più energia, perché nella reazione non si verifica più una perdita di massa. Arrivati dunque alla formazione del ferro, la stella non ha più mezzi per produrre energia. Le forze gravitazionali non incontrano più alcuna opposizione e il collasso finale e definitivo è ineluttabile.

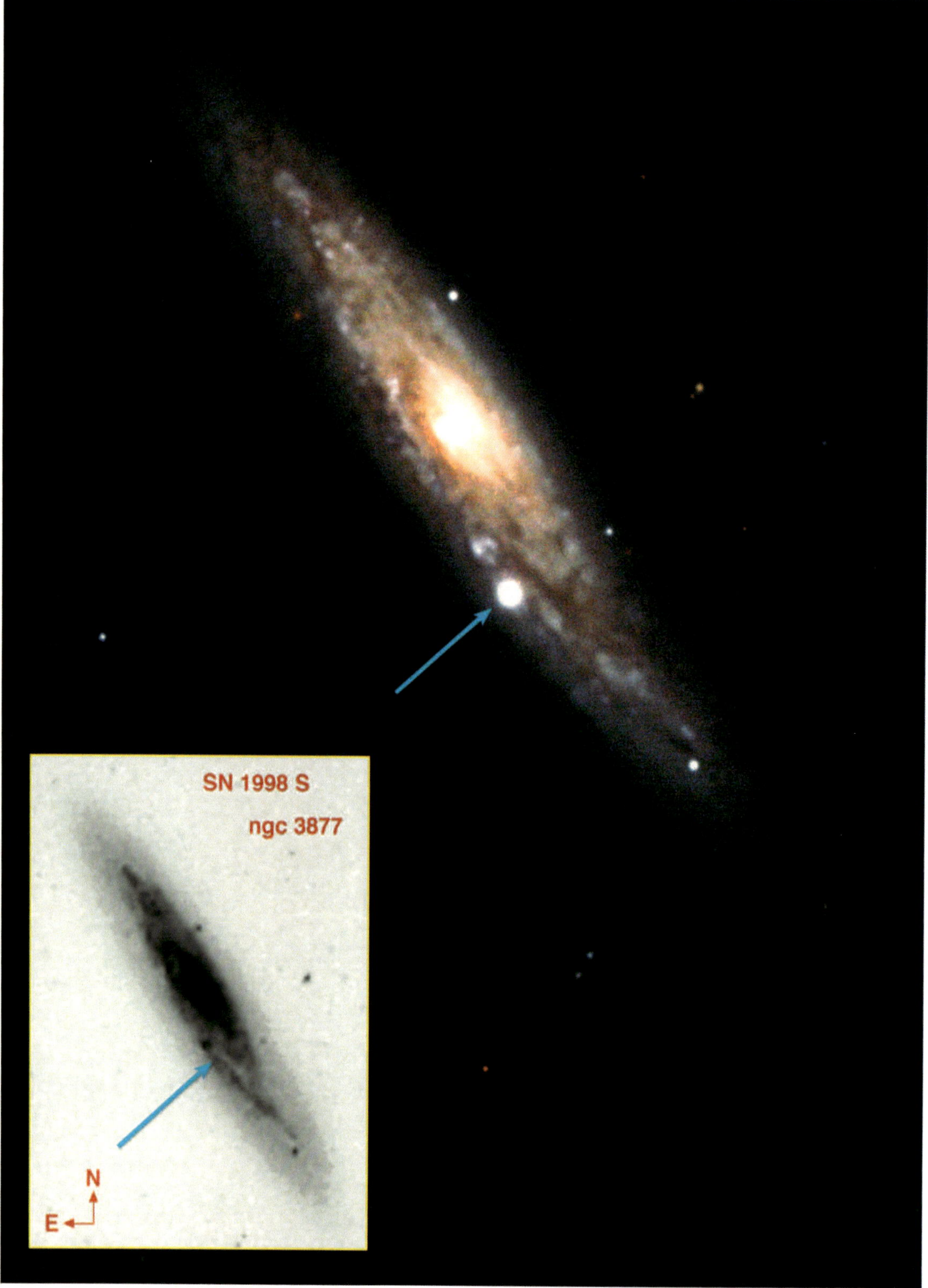

SN 1998 S
ngc 3877
N
E

◀ **Figura 3.13** L'oggetto estremamente brillante appena a sud del nucleo nella galassia a spirale NGC 3877 è una supernova esplosa nel 1998 (NOAO); la stella non compariva nell'immagine della stessa galassia, presa qualche anno prima (riquadro in basso).

▲ **Figura 3.14** La materia espulsa decine di migliaia di anni fa dal vento stellare della stella V838 Monocerotis (HST), l'oggetto rossastro al centro dell'immagine, viene illuminata da un brillamento che la stella ha avuto nel 2002. La materia espulsa è disposta in un involucro sferico che circonda la stella.

Gli strati esterni, non più sostenuti dalla pressione, precipitano a gran velocità sul nucleo di ferro della stella e poi rimbalzano violentemente, provocando un'immane esplosione di supernova[*1], uno tra i fenomeni più violenti che si conoscano nell'Universo. L'energia prodotta è tale che, se la stella appartenesse alla nostra Galassia, potrebbe essere talmente brillante da rendersi visibile in cielo anche di giorno. Quando esplodono in altre galassie, le supernovae sono facilmente riconoscibili poiché per qualche settimana esibiscono una luminosità confrontabile con quella della totalità delle stelle della galassia-ospite. Si veda la Figura 3.13, relativa alla galassia NGC 3877: l'immagine a colori mostra la supernova esplosa nel 1998, una stella molto brillante appena a sud del nucleo, assente nella piccola immagine in basso a sinistra della stessa galassia presa qualche anno prima.

La supernova permane al picco di luminosità solo per qualche settimana: in seguito, nel corso di diversi mesi, la luce dell'oggetto cala lentamente. Della stella progenitrice ora rimane solo il nucleo collassato, un oggetto estremamente compatto, che può essere una *stella di neutroni* o un *buco nero*.

Le esplosioni di supernovae sono fenomeni abbastanza rari: l'ultimo evento di questo tipo osservato nella nostra Galassia risale al 1604 e venne descritto da Keplero. La frequenza media di esplosioni di supernovae per una galassia luminosa è di 3-4 eventi al secolo.

Quanto dura la vita di una stella? Dipende dalla sua massa: le stelle più massicce (80-100 masse solari) vivono anche meno di un milione di anni; all'estremo opposto, le stelline di 0,1 masse solari hanno vite assai più lunghe dell'età attuale dell'Universo (13,7 miliardi di anni).

Tutte le stelle durante la loro vita emettono non solamente luce, ma anche particelle, che vengono disperse nel mezzo interstellare. Questo flusso di particelle è detto *vento stellare*. I venti sono generalmente più intensi nelle stelle massicce, ma sono presenti in tutte le stelle, soprattutto verso la fine della loro esistenza. La materia espulsa può contenere gli elementi pesanti prodotti dalla nucleosintesi stellare, come il carbonio, l'ossigeno e il silicio per le stelle di massa intermedia. Questi atomi possono poi aggregarsi nel mezzo interstellare per formare grani di polvere.

---

*1 La fine di una stella di grande massa, come quella descritta in queste righe, dà luogo a una supernova di tipo II. Le supernovae di tipo Ia, che si verificano in un sistema binario composto da una nana bianca e da una gigante rossa, sono descritte al capitolo 4.1.

▲ **Figura 3.15** La Nebulosa Granchio (M1), resto di una supernova galattica che astronomi cinesi riportano d'aver osservato nel 1054 (ESO). Il gas venne violentemente espulso nel corso dell'esplosione: nei quasi mille anni trascorsi, la materia ha percorso una mezza dozzina di anni luce.

▲ **Figura 3.16** La nebulosa N70, resto di un'esplosione di supernova che ha prodotto una bolla di circa 300 anni luce di diametro (ESO). La forma quasi perfettamente sferica segnala che l'esplosione fu isotropa (senza direzioni preferenziali) e che avvenne in un mezzo omogeneo e uniforme.

▲ **Figura 3.17** La Nebulosa Velo, resto di una supernova galattica esplosa qualche decina di migliaia di anni fa (CFHT). Alla distanza di circa 2000 anni luce, nella costellazione del Cigno, copre una regione ampia circa 3°. Fra migliaia di anni, la materia in espansione si sarà diluita al punto da rendersi invisibile.

Nella Figura 3.14 viene ripresa una supergigante rossa che è andata soggetta recentemente a un episodio di espulsione di materia, con formazione di polvere. La materia espulsa si distribuisce su un involucro sferico che avvolge la V838 Monocerotis. Nel 2002, questa stella ha avuto un improvviso aumento d'attività, una specie d'esplosione: la radiazione rilasciata in questo evento esplosivo ha illuminato (rendendocela visibile) la materia che la stella aveva perduto a seguito di un analogo episodio precedente, occorso qualche decina di migliaia d'anni prima.

Attraverso episodi di questo tipo, o anche attraverso i normali venti stellari, le stelle possono perdere una frazione importante della loro massa e trasferire energia cinetica al mezzo interstellare, ciò che può avere conseguenze sul processo di formazione stellare. Per esempio, i venti stellari e le esplosioni di supernovae possono comprimere il gas interstellare, innescando nuovi collassi nelle nubi molecolari giganti. Gli elementi pesanti riversati dalle stelle nel mezzo interstellare, ove costituiscono la polvere, diventano i necessari catalizzatori dei processi di trasformazione dell'idrogeno atomico in molecolare. Inoltre, la polvere contribuisce a proteggere il gas interstellare dalla luce ultravioletta più energetica, favorendone il raffreddamento e il collasso. In media, del gas che entra nella formazione di una stella, almeno il 30% ritorna al mezzo interstellare nel corso dell'evoluzione successiva.

Nel caso delle esplosioni di supernovae, la massa espulsa può giungere fino a 10 masse solari, con energie cinetiche dell'ordine del totale dell'energia emessa dal Sole nel corso dell'intera sua esistenza. La Nebulosa Granchio (Figura 3.15) è il resto di una supernova esplosa nel 1054. Qui la materia è stata espulsa con una velocità di circa 2000 km/s (in altri resti di supernovae la velocità può superare i 5000 km/s). Nei mille anni trascorsi dall'esplosione, la materia ha potuto percorrere circa 6 anni luce, il raggio attuale di quest'oggetto. Al centro della nebulosa v'è una pulsar, una stella di neutroni estremamente compatta che gira su se stessa a grandissima velocità, completando 30 rotazioni ogni secondo. La Nebulosa Granchio contiene gas ionizzato (idrogeno, azoto e ossigeno). L'esplosione ha anche accelerato elettroni relativistici che ora perdono progressivamente la loro energia muovendosi nel campo magnetico che permea tutto l'oggetto. Questi elettroni emettono nelle frequenze radio e contribuiscono all'emissione di sincrotrone della nostra Galassia. Nel tempo, questa nebulosa si espanderà sempre più, per diventare dapprima simile alla N70 (Figura 3.16) e poi alla Nebulosa Velo (Figura 3.17), il resto di una supernova esplosa diverse decine di migliaia di anni fa.

▲ **Figura 3.18** Il resto di supernova N63A, nella Grande Nube di Magellano (HST). Il vento estremamente violento prodotto dall'esplosione ha raccolto e compresso il gas diffuso presente nello spazio circostante, con un tipico "effetto spazzaneve".

I resti di supernovae N70 e N63A (Figure 3.16 e 3.18) appartengono alla Grande Nube di Magellano, una galassia nana irregolare, molto attiva in formazione stellare, satellite della Via Lattea. Come nei resti di supernova della nostra Galassia, la radiazione e le particelle rilasciate nell'esplosione hanno investito lo spazio circostante, comprimendone la materia diffusa e immettendone di nuova.

Per rappresentare l'evoluzione di una galassia, in prima battuta potremmo immaginarla come un oggetto isolato, che non subisce alcuna interazione con l'ambiente circostante. Questa semplice rappresentazione è chiamata dagli astronomi "evoluzione a scatola chiusa". Con riferimento alla Figura 3.19, e riassumendo quanto fin qui detto, partiamo dall'idrogeno atomico che, sfruttando i grani di polvere del mezzo interstellare come catalizzatori, va a formare gas molecolare; il passo successivo è il collasso delle nubi molecolari per formare nuove stelle. Le stelle, di diversa età, massa e temperatura, nel corso della loro evoluzione sintetizzano elementi pesanti che poi immettono nel mezzo interstellare attraverso i venti stellari o le esplosioni di supernovae. Gli elementi pesanti si aggregano nei grani di polvere. La radiazione delle stelle riscalda la polvere interstellare, che riemette l'energia assorbita nell'infrarosso. Al contempo, la polvere protegge il mezzo interstellare filtrando la radiazione ultravioletta emessa dalle stelle più giovani e impedendole di dissociare il gas molecolare e distruggere i grani di polvere più piccoli. Infine, le stelle massicce, una volta esplose come supernovae, possono accelerare gli elettroni dei raggi cosmici contribuendo all'emissione radio delle galassie.

Come vedremo nell'ultimo capitolo, questo schema evolutivo è probabilmente governato, a lungo termine, dalla massa totale e dalla rotazione delle galassie, e modulato dalle interazioni con l'ambiente circostante. Cessa tuttavia di valere nei sistemi in interazione reciproca, per i quali le perturbazioni indotte dalle forze di marea possono modificare la quantità totale di gas disponibile. Nelle galassie in fase di fusione, come le Antennae, l'immissione improvvisa di nuovo gas da parte dell'altra galassia può innescare un forte sviluppo della formazione stellare. Al contrario, nelle galassie che fanno parte di un ammasso, l'interazione con l'ambiente circostante spesso le priva di una frazione consistente di gas, e ne riduce l'attività di formazione stellare (capitolo 5).

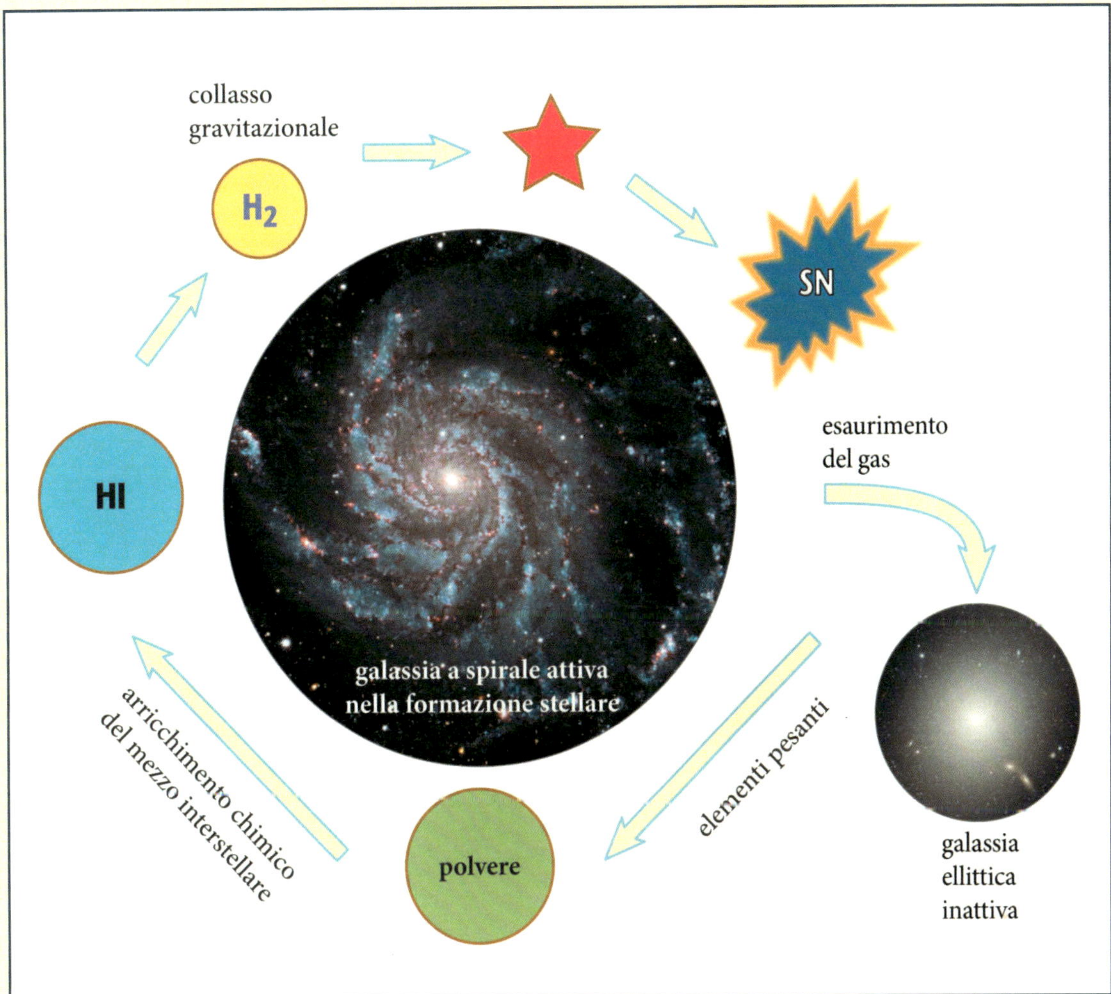

▲ **Figura 3.19** Ciclo di evoluzione a scatola chiusa di una galassia. L'idrogeno atomico neutro deve passare attraverso la fase molecolare prima di andar soggetto al collasso gravitazionale che forma nuove stelle. Le stelle sintetizzano elementi pesanti, che vengono immessi nel mezzo interstellare attraverso i venti stellari o l'esplosione di supernovae. Inoltre, riscaldano i grani di polvere, creati dall'agglomerazione dei "metalli".

4. Le proprietà generali delle galassie

Le galassie hanno proprietà fisiche, strutturali e cinematiche che risultano da un cammino evolutivo ben definito. Lo studio delle proprietà delle galassie è quindi uno strumento fondamentale non solamente per comprendere la loro natura, ma anche per capire la loro evoluzione. Diamo in questo capitolo una breve descrizione delle proprietà generali delle galassie e delle loro implicazioni in un contesto evolutivo. Lo studio della materia oscura, qui descritto brevemente, è uno degli argomenti più affascinanti dell'astronomia moderna.

4.1. La distanza delle galassie

La determinazione della distanza delle galassie è un passaggio obbligato per lo studio delle loro proprietà fisiche. La luminosità intrinseca di una galassia (a qualsiasi lunghezza d'onda) o il suo diametro lineare possono essere ricavati a partire dalla misura delle luminosità apparente e del diametro angolare, a patto che si conosca la distanza alla quale la galassia si trova. Le relazioni matematiche che si usano sono le seguenti:

$$Luminosità = Flusso \times 4\pi \, Distanza^2$$

oppure:

$$Diametro \; lineare = Distanza \times Tangente \; (diametro \; angolare)$$

La luce di una galassia che misuriamo al telescopio, il suo *Flusso*, dipende ovviamente dalla distanza a cui si trova la sorgente. Una lampadina di 100 Watt ci sembra molto luminosa se è a un metro da noi, ma ci appare molto debole se è a 100 m di distanza. Allo stesso modo, tutti gli oggetti celesti sembrano più luminosi e grandi quando sono vicini, ma deboli e piccoli quando sono lontani. È per questa ragione che tutte le grandezze reali o intrinseche che noi vorremmo conoscere (come la luminosità o il diametro lineare di una galassia) si possono ricavare dalle grandezze apparenti (come il flusso o il diametro angolare, valori che possiamo osservare) e dalla distanza.

La distanza è il parametro decisivo e anche il più difficile da misurare. È altrettanto importante conoscerla se vogliamo provare a ricostruire la distribuzione spaziale delle galassie nell'Universo e studiarne l'evoluzione nel tempo. Dobbiamo infatti ricordare che la radiazione che osserviamo oggi è stata emessa dalla galassia molto tempo fa: il tempo impiegato dalla luce per raggiungerci. Osservare galassie molto lontane significa dunque osservare oggetti che erano presenti in un'epoca cosmica temporalmente vicina all'origine dell'Universo.

Il problema della determinazione delle distanze nell'Universo è un argomento che impegna gli astronomi da sempre. In questo paragrafo descriveremo per sommi capi le tecniche più utilizzate, e l'intervallo spazio-temporale in cui ciascuna di esse si rivela valida.

Figura 4.1 Ripresa profonda del telescopio CFHT di un'area celeste di 1° × 1°. Si possono riconoscere circa 600 mila galassie, soprattutto spirali. La gran parte dei minuscoli puntini colorati sono lontane galassie; le stelle azzurrine più brillanti appartengono alla nostra Galassia.

Per le galassie più vicine, dove i telescopi possono risolvere le singole stelle, la tecnica più affidabile consiste nel determinare il periodo di variabilità delle Cefeidi. Le Cefeidi sono stelle il cui flusso varia nel tempo: per queste stelle è stato appurato, ormai da quasi un secolo, che il periodo di variabilità dipende dalla luminosità. Il periodo può essere facilmente determinato, osservando la stella con continuità, misurando il tempo trascorso tra due massimi successivi dell'emissione luminosa. In pratica, ciò si fa rilevando immagini della stessa galassia settimana dopo settimana, per poi individuare dentro la galassia, confrontando le successive immagini, le eventuali stelle variabili che sono presenti (Figura 4.2).

Conoscendo la relazione matematica che esiste tra il periodo di variabilità e la luminosità delle Cefeidi, relazione che gli astronomi hanno potuto calibrare su stelle relativamente vicine, e comunque appartenenti alla nostra Galassia, una volta che si è misurato il periodo, si può stimare la luminosità intrinseca di una Cefeide (Figura 4.3). Confrontandola con la sua luminosità apparente (misurata dal *Flusso* o dalla magnitudine[1]), si ottiene la sua distanza e quindi quella della galassia alla quale la Cefeide appartiene.

Essendo stelle relativamente massicce e intrinsecamente luminose, le Cefeidi possono essere osservate singolarmente dal Telescopio Spaziale "Hubble" fino a distanze di circa 20 Mpc (60-70 milioni di anni luce, Figura 4.4). Anche se questa distanza può sembrare enorme, è in realtà molto piccola rispetto alle dimensioni dell'Universo. Questo metodo può quindi essere utilizzato solo per la determinazione delle distanze delle galassie dell'Universo locale, non più in là dell'ammasso della Vergine.

Misure cinematiche, come la velocità di rotazione delle galassie a spirale o la dispersione di velocità (i moti non ordinati) delle stelle delle ellittiche, combinate con immagini ottiche o nel vicino infrarosso, possono essere impiegate per determinare la distanza delle galassie. Utilizzando un piccolo campione di galassie a spirale, di distanza (e quindi di luminosità) nota, essendo state determinate con il metodo delle Cefeidi, si è constatato che esiste una relazione stretta tra la velocità di rotazione su se stessa di una galassia, misurata dalla larghezza

*1 *La magnitudine apparente* m *è la grandezza comunemente utilizzata dagli astronomi, e corrisponde al logaritmo del flusso secondo la relazione:*

$$m = -2,5 \, \text{Log (Flusso)} + costante$$

Gli oggetti più brillanti hanno magnitudini piccole, mentre i più deboli hanno magnitudini grandi. La magnitudine m*, come il flusso, è una quantità apparente e, come tale, dipende dalla distanza della sorgente. Invece, le magnitudini assolute, indicate con una* M *maiuscola e definite come:*

$$M = m - 25 - 5 \, \text{Log (Distanza)}$$

(con la distanza espressa in megaparsec, Mpc), sono indicative delle luminosità intrinseche delle sorgenti.

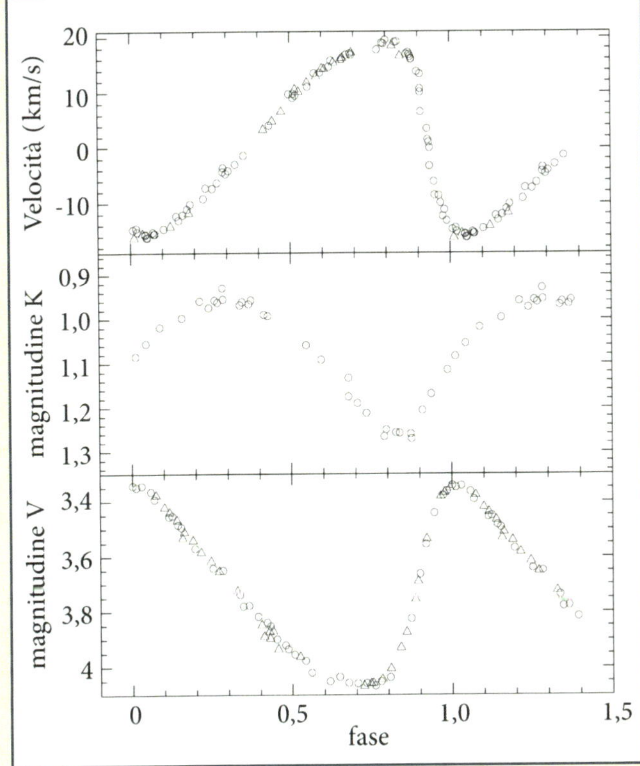

◀ **Figura 4.2** Variazione di magnitudine della Cefeide 1 Car, nelle due bande fotometriche K e V, in funzione della fase (tempo). La fase viene espressa assumendo il periodo come unità. In alto, variazione della velocità dell'atmosfera stellare (le Cefeidi sono stelle pulsanti). Il periodo P di una stella variabile come questa Cefeide corrisponde all'intervallo che intercorre tra due massimi d'emissione. Per la stella 1 Car il periodo è di 35,5 giorni.

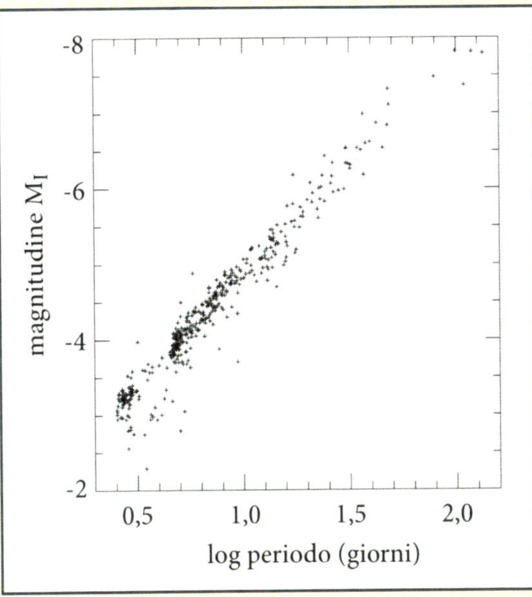

◀ **Figura 4.3** Relazione tra la luminosità intrinseca (qui espressa in magnitudine assoluta M_I) e il periodo P (in giorni) delle Cefeidi. Le Cefeidi più luminose ($M_I = -7$) sono quelle che hanno i periodi più lunghi, circa 100 giorni (Log $P = 2$).

della riga dell'idrogeno a 21 cm, e la sua luminosità. Questa *relazione di Tully-Fisher*, la cui spiegazione fisica viene fornita più avanti, permette di determinare la luminosità intrinseca delle galassie a spirale una volta nota la loro velocità di rotazione. Come per le Cefeidi, la distanza delle galassie può allora essere ottenuta confrontando la luminosità osservata con quella intrinseca, desunta da questa relazione. In modo del tutto analogo, la distanza di una galassia ellittica può essere misurata utilizzando la *relazione di Faber-Jackson*, una relazione empirica che fissa un legame tra la dispersione di velocità delle stelle che la compongono e la sua luminosità intrinseca.

Le misure di distanza ottenute con il metodo di Tully-Fisher o di Faber-Jackson (o anche di un terzo metodo, detto del piano fondamentale, cui faremo cenno nel seguito) sono purtroppo molto meno precise di quelle ricavabili grazie alle Cefeidi, ma hanno il vantaggio che le si può ottenere anche per galassie più lontane. La riga dell'idrogeno a 21 cm, della quale si misura la larghezza, è oggi osservabile fino a circa 200 Mpc (700 milioni di anni luce), mentre certe altre righe di emissione o di assorbimento nell'ottico possono essere misurate a distanze ancora dieci volte maggiori con i nuovi telescopi della classe di 10 m, come il Very Large Telescope dell'ESO, in Cile. Un altro vantaggio è che queste tecniche necessitano solo di una misura cinematica e di un'immagine nel visibile, o nel vicino infrarosso (quest'ultima banda è preferibile), dati assai semplici da rilevare per vasti campioni di galassie.

Per distanze ancora maggiori, possono essere utilizzate come indicatori di distanza le supernovae di tipo Ia (SN Ia), che vengono ritenute ottime candele-standard, ossia sorgenti di luminosità sostanzialmente omogenea. Le SN Ia si producono in sistemi binari costituiti da una nana bianca (circa di massa solare) e da una gigante rossa. In tali sistemi, la materia degli strati esterni della gigante rossa viene aspirata dalle forze gravitazionali della vicina nana bianca: la gigante rossa è una stella espansa e fatica a trattenere la sua atmosfera. Il gas risucchiato si accumula sulla superficie della nana bianca e ne aumenta progressivamente la massa. Quando la stellina supera la soglia di 1,4 masse solari, la teoria prevede che nulla possa più contrastare le forze gravitazionali, e che avvenga il collasso della stella. Gli avvenimenti successivi si svolgono in una frazione di secondo e conducono all'esplosione di una supernova del tipo Ia, la cui caratteristica preminente è che il fatto che al picco di luce, ossia nel momento di massima luminosità dell'evento, la magnitudine raggiunta è sempre la stessa in tutti i casi finora registrati. In questo senso, si dice che le SN Ia sono ideali candele-standard. Dal confronto fra il flusso osservato al massimo di luce e dalla potenza rilasciata della supernova (che, per l'appunto, è nota e la stessa per tutte) si può ricavare la distanza. Grazie alla loro luminosità, le supernovae di tipo Ia possono essere osservate fino a qualche centinaio di Mpc.

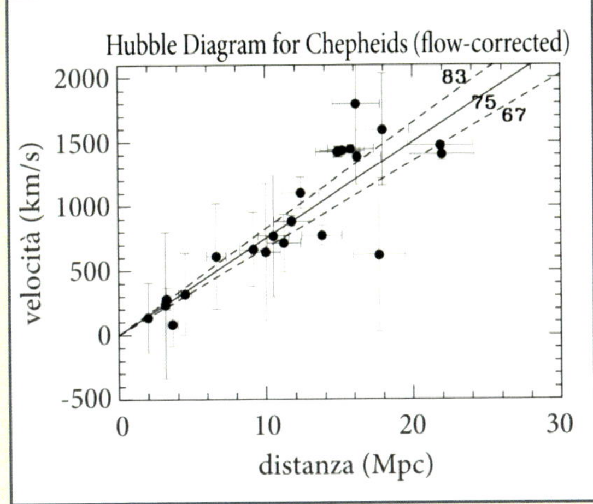

◀ Figura 4.4 Relazione tra la velocità di recessione e la distanza delle Cefeidi osservate con il Telescopio Spaziale "Hubble". Le Cefeidi sono osservabili fino a una distanza di circa 65 milioni di anni luce. La marcata dispersione dei punti in questo grafico è dovuta ai moti propri delle galassie nell'Universo locale, che sono dell'ordine di qualche centinaio di km/s, e sono quindi paragonabili alla velocità dell'espansione dell'Universo che, per distanze inferiori a 20 Mpc, è dell'ordine di 1000 km/s. L'estensione di questa relazione a distanze più grandi è data in Figura 4.5.

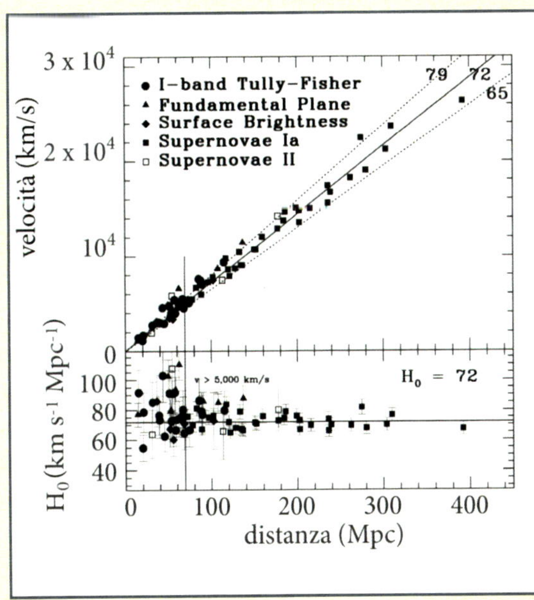

◀ Figura 4.5 Relazione tra velocità di recessione e distanza per galassie la cui distanza è stata determinata utilizzando diversi metodi come la relazione di Tully-Fisher o quella del piano fondamentale. Il grafico conferma che le galassie più lontane (circa 300-400 Mpc) si allontanano da noi a più alta velocità (circa 25.000 km/s) a causa dell'espansione dell'Universo. La pendenza della relazione è la costante di Hubble, H_0, il cui valore si aggira intorno a 71 km s^{-1} Mpc^{-1}. Il grafico in basso mostra come la misura della costante di Hubble H_0 varia con la distanza delle galassie. La dispersione è più marcata a distanze piccole perché nell'Universo locale i moti propri delle galassie sono paragonabili alla velocità di recessione cosmologica.

Per distanze più grandi di circa 50 Mpc (170 milioni di anni luce) la distanza di una galassia può essere facilmente determinata sapendo che l'Universo è in espansione (Figura 4.5). Il Big Bang, avvenuto circa 13,7 miliardi di anni fa, ha dato il via all'espansione dell'Universo: da allora, tutte le galassie si stanno allontanando fra loro a velocità relative che dipendono dalla reciproca distanza. Per comprendere intuitivamente l'espansione cosmica, possiamo immaginare l'Universo come un panettone di forma sferica con dentro le uvette che sta lievitando. Si può facilmente comprendere che la distanza tra le uvette aumenta mano a mano che il panettone si gonfia. L'espansione dell'Universo è tale che tanto più la distanza tra due galassie è grande, tanto più lo è anche la velocità di allontanamento fra di esse. In prima approssimazione, possiamo dire che la distanza di una galassia è legata alla sua velocità di recessione cosmologica dalla relazione di Hubble:

$$\text{Velocità di recessione} = H_0 \times \text{Distanza}$$

dove H_0 è la *costante di Hubble*. Se la velocità di recessione è espressa in km/s e la distanza in Mpc, H_0 ha un valore di (71 ± 4) km s^{-1} Mpc^{-1}. Questa semplice relazione ci permette di determinare la distanza di un oggetto una volta nota la sua velocità di recessione. Come accennato nel capitolo 2, la velocità di recessione di una galassia può essere facilmente determinata quando vengono rivelate nel suo spettro righe di emissione o di assorbimento. Confrontando la lunghezza d'onda della riga osservata (λ, spostata verso il rosso) con quella della stessa riga a riposo (λ_0, misurata in laboratorio), la velocità di recessione di una galassia è data dalla relazione:

$$\text{Velocità di recessione} = c \cdot z$$

$$z = (\lambda - \lambda_0) / \lambda_0$$

dove c è la velocità della luce (circa 300.000 km/s) e z è lo spostamento spettrale cosmologico, comunemente chiamato *redshift*, con termine inglese[2].

La relazione di Hubble ha tuttavia alcuni limiti: non può essere utilizzata per calcolare la distanza delle galassie nell'Universo vicino, perché i moti propri delle galassie, dovuti a moti orbitali o a perturbazioni gravitazionali su piccola scala, sono paragona-

*2 La relazione, in questa forma matematica, è valida solo per velocità sensibilmente minori di quella della luce: ha una forma più complessa quando la velocità di recessione si avvicina ai 300.000 km/s.

bili per intensità alla velocità propria dell'espansione dell'Universo. Per esempio, il Gruppo Locale, del quale la nostra Galassia fa parte, sta muovendosi in direzione dell'ammasso della Vergine a una velocità di circa 220 km/s; i moti orbitali delle galassie all'interno dell'ammasso della Vergine sono di circa 1000 km/s. Dunque, su piccola scala (fino a 20 Mpc, 65 milioni di anni luce), le attrazioni gravitazionali dovute alla massa dell'ammasso di galassie inducono velocità paragonabili a quelle proprie dell'espansione dell'Universo (circa 1500 km/s).

La forma matematica della relazione di Hubble che abbiamo appena illustrato non è più valida per le galassie più lontane. Ciò è dovuto al fatto che nessun corpo può superare la velocità della luce. Le galassie più lontane che possiamo osservare si allontanano da noi con una velocità prossima a quella della luce. Sono a più di 10 miliardi di anni luce, e questo significa che noi le osserviamo nella loro giovinezza, come erano quando l'Universo aveva circa il 20% della sua età attuale. Per queste grandi distanze, la relazione di Hubble che abbiamo dato deve essere modificata e prende una forma matematica più complessa che dipende dal modello cosmologico adottato per rappresentare l'evoluzione dell'Universo. Possiamo qui notare che uno dei più importanti parametri cosmologici, la costante di Hubble H_0, può essere determinato utilizzando i dati ottenuti dall'osservazione delle galassie.

4.2. I profili di luce delle galassie

Le galassie appartenenti a diverse classi morfologiche non sono solamente caratterizzate da forme diverse, ma hanno anche proprietà strutturali, cinematiche e di popolazioni stellari significativamente differenti. Ciò è importante da rilevare per la caratterizzazione delle galassie lontane, per le quali è difficile stabilire una buona classificazione morfologica a causa della loro minuscola dimensione angolare. Per questo motivo, si va alla ricerca di metodi alternativi per classificare le galassie, metodi che, tra l'altro, hanno il vantaggio di essere quantitativi, e quindi più affidabili, della semplice classificazione morfologica, qualitativa e relativamente soggettiva.

Le proprietà strutturali delle galassie possono essere studiate attraverso la determinazione del loro *profilo radiale di luce*, cioè di come varia la brillanza superficiale con la distanza dal centro della galassia. Quando sono disponibili immagini in forma digitale ottenute al telescopio in una o più bande fotometriche, il profilo di luce può essere facilmente ricavato misurando il flusso dell'immagine raccolto all'interno di una serie di anelli ellittici e concentrici, con semiassi via via crescenti, centrati sul nucleo della galassia. Facendo la differenza tra i profili di brillanza superficiale ottenuti in due diverse bande spettrali, si può ricostruire anche il *profilo radiale del colore*.

Il colore delle stelle è un indicatore della loro temperatura e della loro età. I profili radiali di colore sono quindi estremamente utili per studiare come varia la popolazione stellare nel passare dalle regioni centrali a quelle esterne di una galassia. La Figura 4.6 mostra i profili radiali di brillanza superficiale e di colore in diverse bande di una galassia ellittica (M87) e di una irregolare (NGC 4532). Le galassie ellittiche e lenticolari hanno profili di luce simili, con un picco al centro e decrescenti gradualmente verso l'esterno (fu Gérard de Vaucouleurs a esprimere per primo una relazione matematica capace di descriverne l'andamento). Anche le galassie a spirale sono caratterizzate da un profilo con un picco al centro, dovuto alla presenza di un nucleo e/o di un *bulge*, ma hanno un profilo esterno più piatto. Un profilo piatto, descrivibile matematicamente da una relazione diversa da quella di de Vaucouleurs, viene esibito pure dalle galassie nane (irregolari, ellittiche o sferoidali), che quindi non possono essere distinte le une dalle altre solo dall'analisi delle loro proprietà fotometriche.

4.3. La cinematica delle galassie

Le proprietà cinematiche delle galassie possono essere desunte dallo studio del loro spettro, che presenta righe di emissione (prodotte dal gas) o di assorbimento (dovute alle stelle). Queste righe cadono a lunghezze d'onda che sono ben note con grandissima precisione, grazie a studi teorici e a misure di laboratorio. Tuttavia, se la sorgente d'emissione si allontana o si avvicina all'osservatore, sappiamo che la lunghezza d'onda delle righe osservate varia, a causa dell'effetto Doppler, in misura proporzionale alla componente radiale della velocità della sorgente relativa all'osservatore. Questo effetto è lo stesso responsabile della variazione di frequenza della sirena di un'autoambulanza che si avvicina a noi, rispetto a quando si allontana: in fase d'avvicinamento, il suono è più acuto e, di colpo, diventa più grave non appena l'autoambulanza ci passa davanti e prosegue la sua corsa. Il confronto tra i valori della lunghezza d'onda e della forma del profilo della riga di una galassia con quelli della stessa riga misurata in un laboratorio terrestre può essere utilizzato nello studio della cinematica delle galassie.

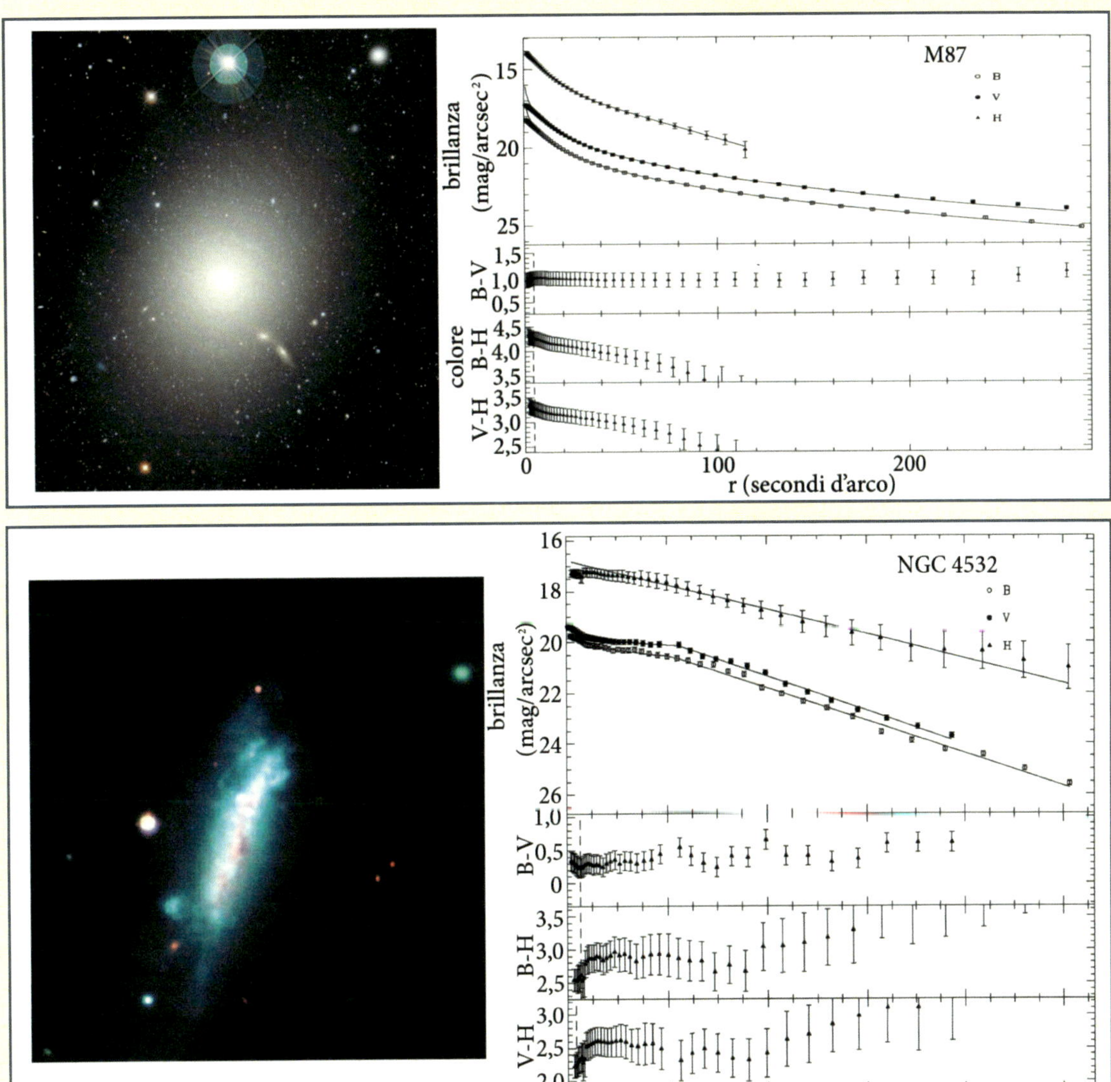

▲ **Figura 4.6** Profili radiali di brillanza superficiale (sopra) e di colore (sotto) della galassia ellittica M87 e della irregolare NGC 4532 (GOLDMINE). Nella seconda, il profilo, in scala logaritmica, ha un andamento rettilineo crescente in modo sostanzialmente uniforme dal bordo al centro; nella seconda, cresce più rapidamente verso il centro: ciò indica la presenza di un *bulge* o di un nucleo. Anche i profili di colore sono diversi: in M87, la crescita verso il centro indica la presenza di un nucleo rosso, dominato da stelle vecchie; in NGC 4532, al contrario, è dominante una popolazione giovane.

▶ **Figura 4.7** La curva di rotazione della galassia CGCG 97120, ricostruita osservando con uno spettroscopio ad alta dispersione una riga di emissione, avendo allineato la fenditura dello strumento (tratti rossi) con l'asse maggiore della galassia. A causa dell'effetto Doppler, dovuto alla rotazione, le righe di emissione (la Hα, la più intensa nell'immagine al centro, e il doppietto dell'[NII]) hanno un profilo tipico a "S". Per gli oggetti più massicci la velocità di rotazione può raggiungere i 500 km/s.

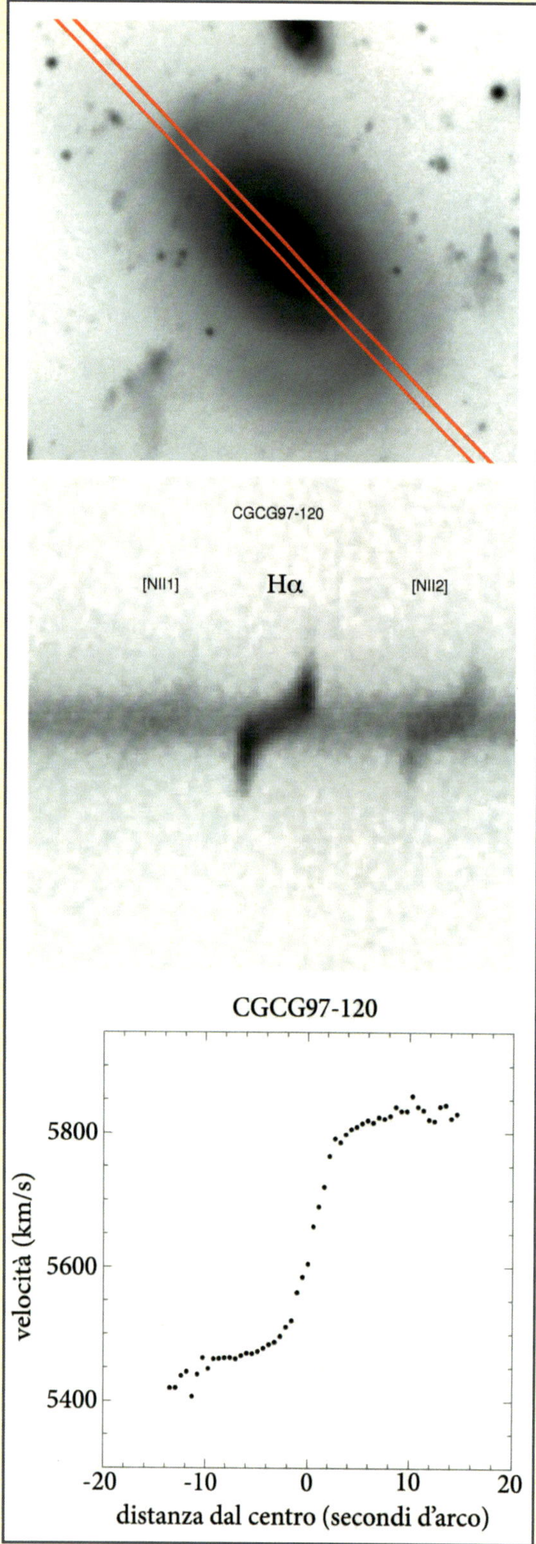

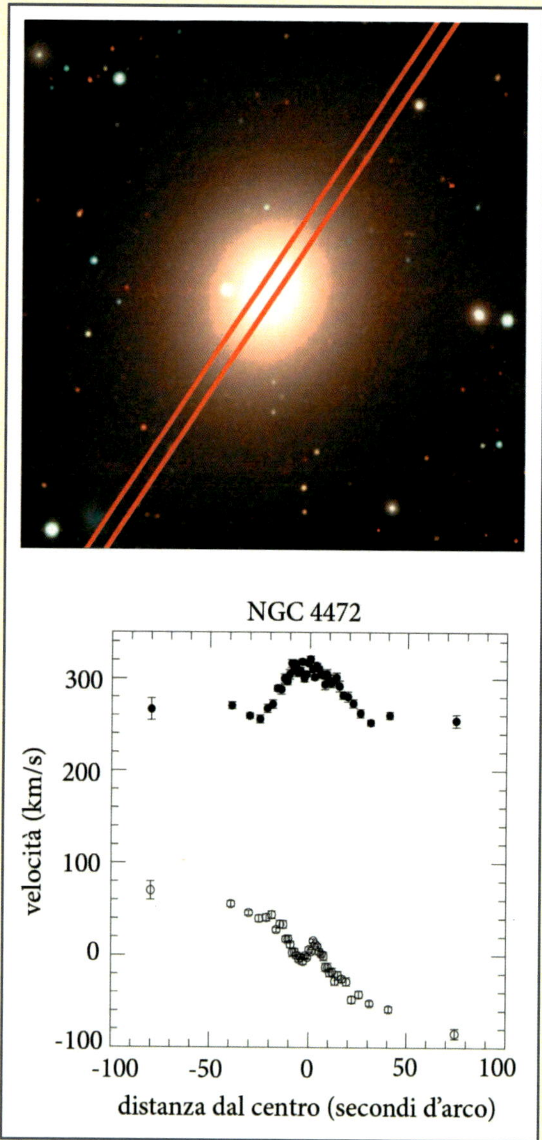

▲ **Figura 4.8** Le due componenti del campo di velocità della galassia ellittica NGC 4472 (M49): la dispersione di velocità (cerchi pieni) e la velocità di rotazione (cerchi vuoti). Le velocità sono state misurate a diverse distanze dal centro, lungo l'asse maggiore della galassia (i due segmenti rossi mostrano la posizione della fenditura dello spettroscopio). La dispersione di velocità, più forte al centro, è di circa 300 km/s e domina sulla rotazione che, nelle parti esterne della galassia, raggiunge a malapena gli 80 km/s.

Disponendo la fenditura di uno spettroscopio, attraverso la quale si fa passare la luce dell'oggetto osservato, allineata con l'asse maggiore di una galassia a spirale vista di taglio, si è potuto rilevare che le spirali ruotano su se stesse ad altissima velocità. La fenditura raccoglie simultaneamente la luce delle stelle che stanno sul bordo sinistro della galassia e sul bordo destro (oltre che quelle al centro): se la galassia ruota, le une saranno animate da una velocità in avvicinamento a noi, mentre le altre si stanno allontanando. Nella Figura 4.7 si vede chiaramente che le righe di emissione del lato est (a sinistra nell'immagine) sono significativamente spostate verso il blu, ossia a lunghezze d'onda più brevi, rispetto a quelle del lato ovest. Prendendo come riferimento l'emissione della regione centrale della galassia, l'effetto Doppler ci segnala che il lato est si avvicina a noi con una velocità di circa 200 km/s, mentre il lato ovest si allontana circa alla stessa velocità. Questo spettro dimostra inequivocabilmente che la galassia ruota su se stessa.

Sotto il profilo cinematico, le galassie si dividono in due grandi classi di oggetti. Le galassie a spirale, come quella mostrata in Figura 4.7, ruotano su se stesse in modo ordinato, a velocità che sono fortemente dipendenti dalla loro massa, con gli oggetti più massicci che sono rotatori più rapidi delle galassie nane irregolari; invece, le stelle delle galassie ellittiche vanno soggette per lo più a movimenti caotici, con direzioni e versi delle velocità distribuiti in modo disordinato, a cui spesso si sovrappone un lento moto rotatorio d'insieme (Figura 4.8). Il movimento caotico delle stelle può essere rilevato in uno spettro dal fatto che le righe di assorbimento sono piuttosto larghe: alla riga contribuiscono infatti stelle animate da moti sia in allontanamento che in avvicinamento. La dispersione di velocità all'interno di un'ellittica dipende dalla sua massa, e va da circa 300 km/s nelle ellittiche massicce a qualche decina di km/s nelle nane ellittiche e sferoidali. Nelle ellittiche nane, la componente della velocità di rotazione, di solito meno importante di quella di dispersione, può talvolta essere dominante.

Le proprietà cinematiche delle galassie lenticolari non sono ancora chiaramente definite: in certi sistemi il gas è in rotazione, ma non le stelle, in altri i comportamenti sono completamente diversi. Le differenze tra le proprietà cinematiche delle lenticolari e delle ellittiche nane rispetto alle ellittiche giganti sono state interpretate come frutto di processi evolutivi diversi (capitolo 7).

La strumentazione oggi disponibile sui più moderni telescopi ci permette di ottenere simultaneamente lo spettro di tutti i punti di una galassia (spettroscopia a campo inte-

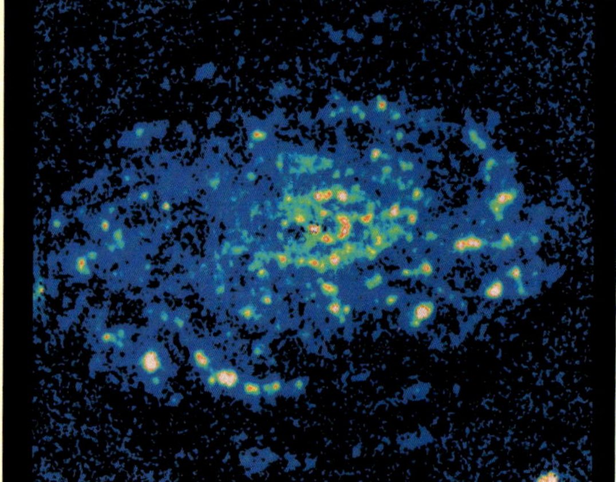

◀ **Figura 4.9** La galassia a spirale M63 fotografata dal telescopio Subaru. Osservata nella riga Hα dell'idrogeno, ci mostra la distribuzione delle regioni ove è attiva la formazione stellare (al centro). Utilizzando uno spettroscopio capace di ricostruire lo spettro di tutti i punti della galassia, possiamo mappare il campo di velocità della galassia (in basso): regioni dello stesso colore hanno la stessa velocità. Il centro di M63 si allontana da noi di circa 500 km/s per l'espansione dell'Universo e le regioni più esterne della galassia ruotano a circa 180 km/s attorno al nucleo. Con misure eseguite a diverse distanze dal centro, è stato possibile ricostruire la curva di rotazione (in basso a destra).

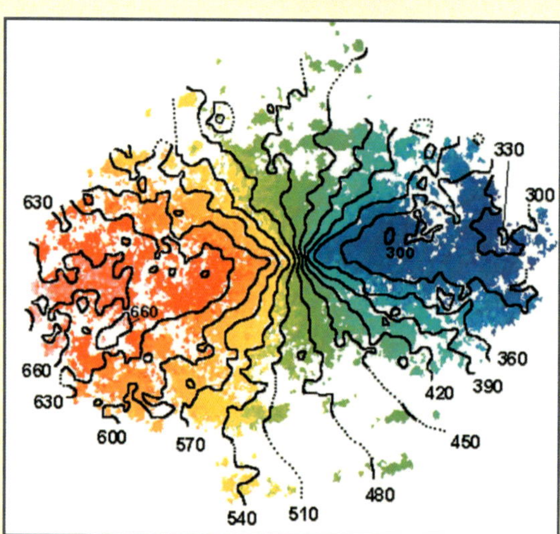

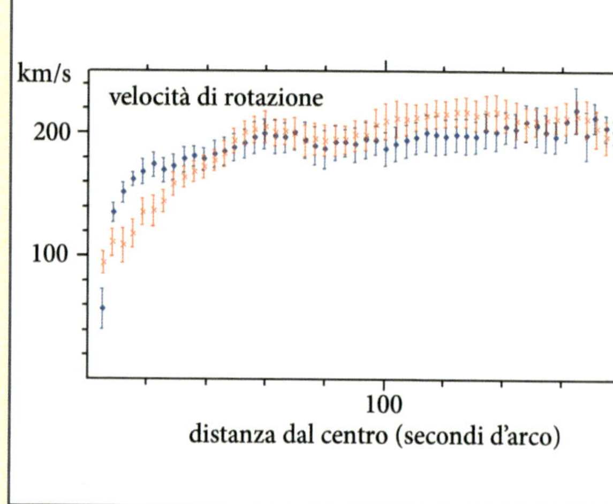

grale). Con questi strumenti si può ricostruire il campo di velocità di una galassia, come nel caso di M63 (Figura 4.9). Lavorando sulla riga Hα dell'idrogeno, tali strumenti permettono anche di studiare la distribuzione di tutte le regioni di formazione stellare, mentre ricostruiscono la cinematica di tutto il disco.

4.4. La struttura a spirale delle galassie

Circa due terzi degli oggetti nell'Universo locale sono galassie a spirale. I bracci a spirale sono regioni più dense della media del mezzo interstellare: nei bracci ha luogo la maggior parte della formazione stellare nelle galassie a disco. Qual è la loro natura e la loro origine? Le galassie a spirale non ruotano come un corpo rigido. La rotazione differenziale delle galassie (ossia con velocità angolare che varia in funzione della distanza dal centro) finisce con il distruggere qualsivoglia struttura materiale su scale temporali paragonabili con il periodo di rotazione, che corrisponde a qualche centinaio di milioni di anni. A causa della rotazione differenziale, regioni tra loro vicine, ma a distanze dal centro anche di poco diverse, sono destinate ad allontanarsi rapidamente. Un braccio a spirale che fosse fatto di materia verrebbe quindi smantellato in qualche centinaio di milioni di anni. Poiché vediamo nell'Universo miliardi di galassie a spirale, ne deduciamo che i bracci devono esistere per lunghi periodi e non possono certo essere strutture solide.

Una spiegazione possibile è che la formazione stellare è un fenomeno contagioso: la pressione esercitata dai venti stellari di giovani stelle massicce, e dalle esplosioni di supernovae appena formatesi, aumenta la turbolenza del mezzo interstellare innescando sempre nuovi episodi di formazione stellare. Questo significa che la formazione stellare può propagarsi, come una fiamma che corre lungo una striscia di polvere da sparo, su distanze di qualche migliaio di anni luce. In seguito, la rotazione differenziale allunga e stira queste zone attive dei bracci, creando in tal modo una struttura a spirale a bracci multipli. Simulazioni numeriche (Figura 4.10) dimostrano che questo modello può facilmente spiegare la struttura a spirale di un gran numero di galassie a bracci multipli, come M101 (Figura 1.1). Queste galassie sono chiamate spirali stocastiche: si usa anche il termine inglese *flocculent*, per indicare la struttura soffice e vaporosa dei loro bracci a spirale. È stato mostrato che questo modello può anche riprodurre la distribuzione delle regioni di formazione stellare nelle galassie irregolari come le Nubi di Magellano (Figure 6.2-6.5).

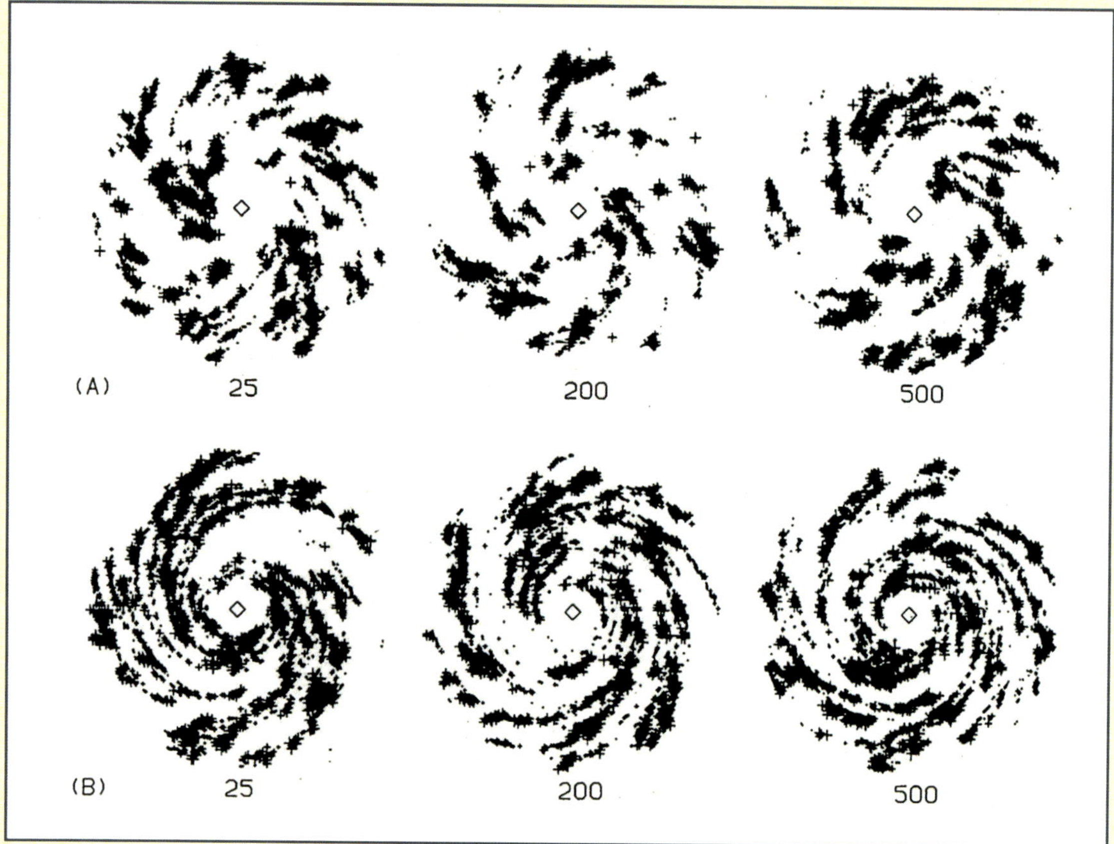

▲ **Figura 4.10** Simulazioni numeriche della struttura di due galassie a spirale nelle quali la formazione stellare procede "per contagio". I singoli punti rappresentano le regioni ove nascono nuove stelle e le due galassie differiscono per la forma della curva di rotazione. La simulazione dimostra che la propagazione "per contagio" della formazione stellare, combinata con la rotazione differenziale, può riprodurre la struttura con bracci a spirale multipli che si osserva in molte galassie. I numeri sotto i tre fotogrammi indicano il tempo trascorso dall'inizio della simulazione (in milioni di anni).

Molte galassie hanno però una struttura a spirale con bracci molto ben definiti, spesso con una barra centrale. Questa morfologia peculiare, particolarmente simmetrica e regolare, non può essere riprodotta da fenomeni "contagiosi". La teoria delle onde di densità può spiegarne l'origine e la natura. I bracci a spirale sono simili a onde che si spostano sulla superficie di un lago: le molecole d'acqua non si spostano orizzontalmente, ma salgono e scendono al passaggio dell'onda. Come per un'onda, si creano creste e gole, con colonne di gas (d'acqua per l'onda sul lago) ora più dense, ora più diradate. Un'altra rappresentazione intuitiva, ancora più simile perché a simmetria circolare, potrebbe essere quella della "hola" che fa il giro degli spalti intorno a un campo di calcio, senza che il pubblico cambi di posto. Anche in questo caso, l'onda si sposta, ma non la materia. In realtà, nel caso delle galassie anche la materia gira, come ci segnalano le curva di rotazione, ma in modo indipendente dall'onda di densità, più rapidamente nelle parti centrali e più lentamente all'esterno. I bracci a spirale sono quindi zone di compressione temporanea del gas, dove la densità più alta della media del mezzo interstellare facilita la formazione stellare. Anche le stelle subiscono l'onda di densità, benché in modo meno marcato rispetto al gas.

Le onde di densità inducono allo stesso tempo una perdita di energia, che può manifestarsi con l'aumento della dispersione di velocità del disco. L'onda di densità deve essere continuamente rialimentata per durare nel tempo. Come si possono creare onde di densità e farle sopravvivere per diversi miliardi di anni? Le simulazioni numeriche mostrano che onde di densità possono essere eccitate da qualsiasi tipo di perturbazione gravitazionale che non abbia una simmetria circolare, come è, per esempio, il passaggio ravvicinato di una galassia satellite, la presenza di una barra o l'accrescimento di gas, tutti fenomeni assai frequenti nell'Universo. Le simulazioni mostrano anche che le onde di densità hanno un impatto importante sulla materia interstellare, e molto minore sulle stelle già formate, spiegando in tal modo alcune delle proprietà che si osservano nelle spirali: i bracci, per esempio, sono evidenti nelle immagini che riprendono le popolazioni stellari giovani, come quelle effettuate nella riga Hα e nell'ultravioletto, ma lo sono meno in quelle che evidenziano le popolazioni stellari vecchie (riprese nel vicino infrarosso; vedi per esempio le Figure 2.9-2.11). La Figura 4.11 riproduce l'evoluzione di una galassia a spirale, descritta da una simulazione numerica, quando questa galassia è perturbata dall'accrescimento di gas esterno, per esempio catturato durante l'interazione con una galassia satellite. Altre simulazioni suggeriscono che nelle galassie a disco la formazione di una barra può essere indotta da interazioni con altre galassie, di modo che la barra si materializza in un tempo successivo ai bracci, ma che può anche essere spontanea, e allora i bracci si sviluppano da essa in tempi successivi.

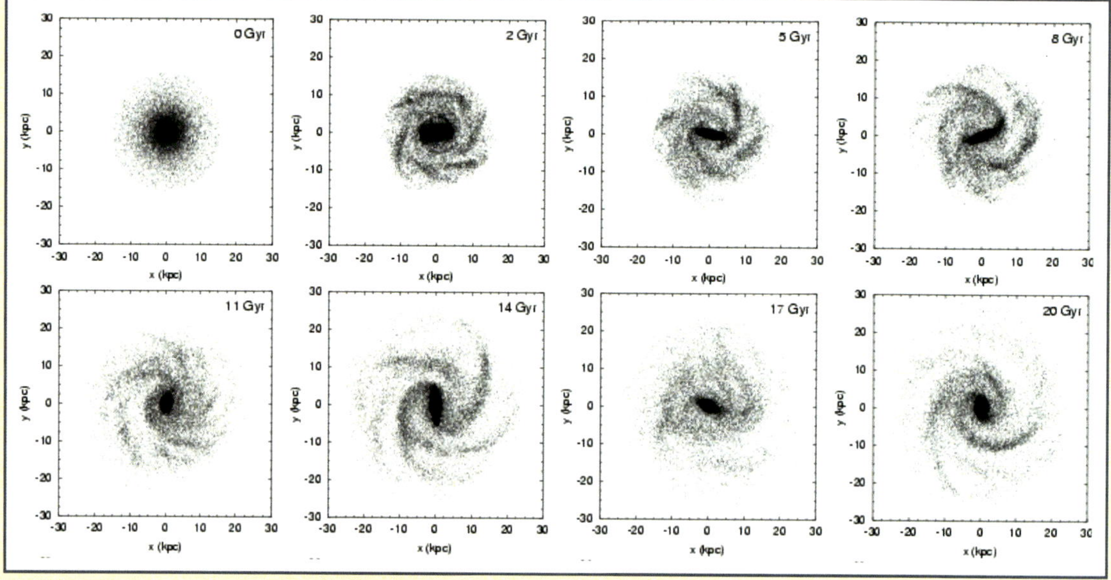

▲ **Figura 4.11** Simulazione numerica dell'evoluzione di una galassia con accrescimento di gas dall'esterno. In una galassia a disco omogeneo (immagine in alto a sinistra, 0 Gyr) spuntano bracci a spirale già solo dopo 2 miliardi di anni (2 Gyr), e una barra dopo 5 miliardi di anni. In seguito, la barra può andare distrutta (11 Gyr) e ricrearsi (14 Gyr).

I modelli al computer talvolta indicano che, nel corso della formazione di una barra, il gas può spostarsi verso il centro e distruggerla. Il gas accresciuto, però, rende di nuovo il disco instabile e può formare una nuova barra dopo qualche miliardo di anni. Il trasferimento di materia verso il centro può anche aumentare la dimensione del *bulge*.

Se questo scenario è corretto, si potrebbe spiegare lo schema di classificazione morfologica di Hubble (Figura 1.16) attribuendolo a un'evoluzione temporale, come indicato in Figura 4.12. Il passaggio da una galassia normale a una barrata (e viceversa) sarebbe allora dovuto all'accrescimento di gas dall'esterno e/o alle interazioni gravitazionali con l'ambiente. Su scale temporali lunghe, si avrebbe anche una concentrazione di massa verso il centro, con la formazione dei *bulge*: questo corrisponderebbe a una evoluzione verso galassie dei primi tipi, come le Sa, (da destra verso sinistra in Figura 4.12).

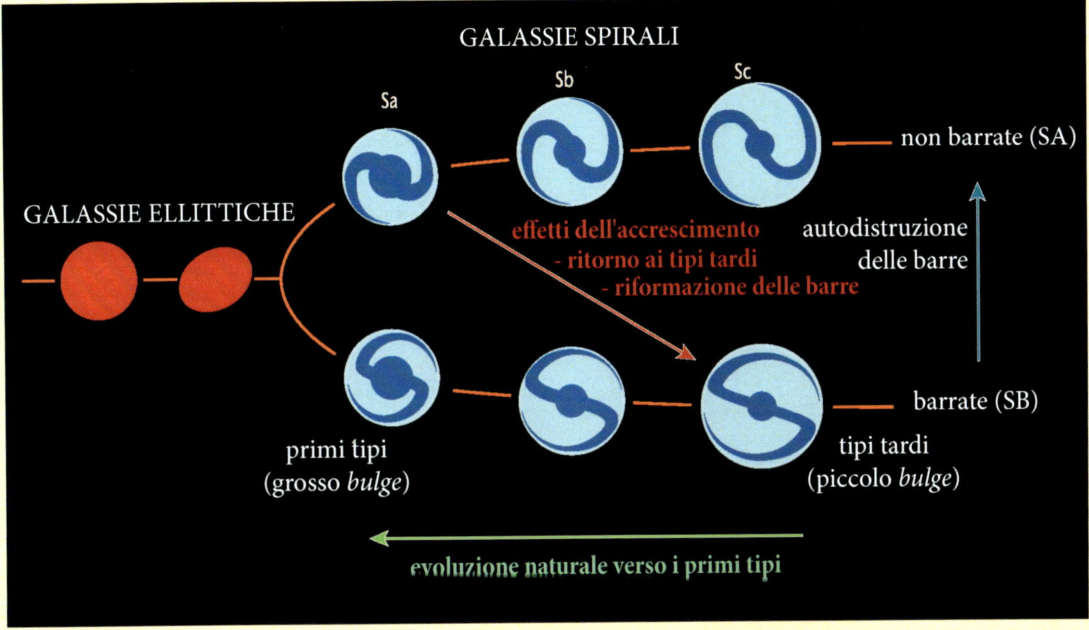

▲ **Figura 4.12** L'interpretazione evolutiva dello schema di classificazione morfologica di Hubble.

4.5. La massa delle galassie

Le misure cinematiche, come la curva di rotazione per le spirali o la dispersione di velocità per le ellittiche, possono essere utilizzate per determinare la massa totale delle galassie. Come per tutti i sistemi autogravitanti (nubi molecolari, ammassi globulari, galassie, ammassi di galassie), le velocità dei singoli membri del sistema vengono a determinare una situazione di equilibrio nei confronti delle forze gravitazionali, le quali, da sole, tenderebbero a fare collassare il sistema su se stesso. In una galassia ellittica, la velocità è quella, disordinata e variamente orientata, delle stelle che si muovono nel potenziale gravitazionale del sistema, mentre nelle spirali è quella, ordinata, della rotazione differenziale. Anche nel Sistema Solare troviamo questa precisa situazione: i pianeti non cadono sul Sole, ma gli ruotano attorno perché sono animati da una velocità che dipende dalla distanza a cui si svolge la loro orbita, oltre che dalla massa del Sole. La fisica insegna che, se si vuole determinare la massa M della nostra stella, basta misurare il raggio R dell'orbita di un pianeta (per semplicità, qui consideriamo l'orbita come circolare), moltiplicarlo per il quadrato della velocità orbitale V e dividerlo per la costante di gravitazione universale G:

$$M = R \times V^2 / G$$

Un'analoga relazione vale per le galassie e gli ammassi di galassie. In questo caso bisognerà utilizzare la distanza dal centro e la velocità orbitale rispettivamente di una stella o di una galassia.

Si può anche visualizzare intuitivamente la situazione nel modo seguente. La massa di un qualsiasi oggetto materiale crea un campo gravitazionale capace di attrarre a sé altri corpi materiali. Si dice che il corpo crea attorno a sé una buca di potenziale, che possiamo immaginare e rappresentare geometricamente come la deformazione che una boccia pesante induce su un materasso. La boccia modifica la superficie originariamente piatta del materasso, scavando una concavità di forma simile a quella di una campana rovesciata. Se si pone una biglia sul bordo della concavità e la si libera, vedremo la biglia cadere verso il centro, per poi risalire sul bordo opposto e ancora ricadere, in un movimento simile a quello di un pendolo. Allo stesso modo, se all'interno di una buca di potenziale conferiamo alla biglia una velocità in direzione tangenziale, in assenza di attrito, questa continuerà a muoversi in circolo sulle pareti della campana rovesciata. Ci sono infatti due forze che si compensano: la forza di gravità che l'attira verso il centro e la spinta centrifuga che tende a farla uscire. Si può inoltre notare che più la biglia si avvicina al centro, più la sua velocità aumenta, mentre più si avvicina al bordo esterno della deformazione, più la velocità diminuisce. Come si diceva più sopra, la velocità dipende dalla distanza alla quale la biglia si trova e dalla massa della boccia centrale, che determina la forma più o meno ripida della buca a campana.

Dunque, una buca di potenziale perturba i movimenti degli oggetti circostanti e ne determina le velocità d'equilibrio esattamente come il potenziale gravitazionale di una galassia governa il movimento delle stelle che la compongono. In una galassia, il potenziale non è creato da un singolo oggetto puntiforme centrale, ma da tutta la materia diffusa che la compone (stelle, gas, polvere interstellare, materia oscura...). In questo caso, la relazione che abbiamo dato più sopra consente di determinare quale sia la massa della materia galattica contenuta all'interno di una certa distanza dal centro, pari al raggio orbitale della stella di cui abbiamo misurato la velocità: si può infatti dimostrare che la materia che sta più all'esterno della stella considerata non contribuisce per nulla alla determinazione della sua velocità orbitale. Se si vuole ottenere la massa totale effettiva della galassia occorre dunque misurare le velocità delle stelle che stanno proprio sul suo bordo più esterno.

Per inciso, il moto rotatorio o caotico delle stelle potrebbe durare in eterno, perché la probabilità che due stelle si urtino è praticamente nulla, stante che la distanza media tra le stelle è circa 100 milioni di volte più grande del loro diametro. Ciò che vale per le stelle, non vale però per il gas, che è diffuso e che ha una certa viscosità. Il comportamento del gas è completamente diverso.

Se si conosce la velocità e la distribuzione delle particelle (delle stelle nel caso di una galassia) che compongono un sistema dinamicamente stabile, si può quindi determinarne la massa.

Utilizzando la relazione riportata più sopra, inserendo in essa le misure della dispersione di velocità nelle galassie ellittiche e delle velocità di rotazione nelle galassie a spirale, è stato possibile ricavare una stima realistica della massa delle galassie. I valori calcolati variano tra 10^{12} masse solari per le galassie più massicce e 10^{7} masse solari per le nane. La massa del Sole è di 2×10^{30} kg: quella delle galassie normali è dell'ordine di 10^{41} kg.

Il problema della materia oscura

Una stima molto approssimativa della massa di una galassia può anche essere ottenuta a partire dal totale della luce che essa emette. Dapprima, si divide la sua luminosità totale per quella del Sole (assunta come stella "media", per luminosità e per massa) e si ottiene il numero equivalente di stelle "medie" che la compongono. Poi si moltiplica quel numero per la massa del Sole. L'ipotesi implicita che si fa è che il rapporto tra luminosità è massa sia all'incirca lo stesso per tutte le stelle e pari a quello del Sole.

Confrontando la massa calcolata a partire dalle velocità (massa dinamica) con quella stimata a partire dalla luminosità (massa luminosa), ci si è accorti che la massa dinamica delle galassie è sempre molto più grande dell'altra, anche quando si corregga il risultato aggiungendo alla massa della componente stellare quella che possiamo direttamente misurare sotto forma di gas atomico e molecolare e di polvere interstellare. La differenza tra le due stime non è di poco conto: la massa dinamica di una galassia è circa dieci volte maggiore di quella di tutte le componenti che emettono luce.

Nella Figura 4.13 sono riportati i profili radiali della densità di stelle e di gas (grafico in alto) della galassia a spirale NGC 3198. Il grafico in basso mostra la curva di rotazione come dovrebbe essere se la galassia fosse composta solo da stelle o da gas. Queste curve di rotazione teoriche hanno forme molto diverse da quelle che effettivamente si osservano: in particolare, prevedono velocità di rotazione molto più basse a grandi distanze dal centro. Per riprodurre la curva di rotazione effettivamente osservata per questa galassia, dobbiamo ipotizzare la presenza di un alone di materia supplementare, distribuita soprattutto nella parte esterna al disco.

Da qualche decina di anni, gli astronomi si sforzano di comprendere quale sia la ragione della discrepanza tra le attese teoriche e le osservazioni. Poiché l'alone ipotizzato è costituito da materia che non emette luce, si dice che sia fatto di *materia oscura* (in inglese, *dark matter*). Confrontando i profili di luce, che descrivono la distribuzione radiale delle stelle, con le curve di rotazione, che descrivono la distribuzione della massa dinamica, se ne deduce che la massa invisibile è probabilmente localizzata in un alone molto esteso che avvolge completamente la galassia fino a grandi distanze.

La natura fisica di questa materia oscura è ancora totalmente sconosciuta: alcuni ricercatori pensano che si tratti di gas molecolare freddo, altri di corpi freddi di piccola massa, come stelle mancate (nane brune) o pianeti simili a Giove, che non possono essere facilmente o direttamente osservati; tuttavia, le osservazioni più recenti escludono quest'ultima ipotesi, che richiederebbe un numero irrealisticamente elevato di oggetti. Altri ricercatori hanno suggerito che questa materia potrebbe essere composta in parte da neutrini (particelle elementari prodotte nel Big Bang e nei processi di fusione nucleare; ma la loro massa non sembra essere sufficiente), in parte da particelle esotiche scaturite nei primi istanti d'evoluzione dell'Universo. In mancanza di risultati convincenti, una minoranza di ricercatori addirittura ha proposto che la legge di gravitazione universale di Newton possa non essere più valida su grandi scale spaziali e alle deboli accelerazioni che si rincontrano nelle regioni più esterne delle galassie.

Nonostante il fatto che questa materia costituisca circa il 90% delle galassie e di altri sistemi dinamicamente stabili come gli ammassi di galassie, non siamo ancora riusciti a conoscerne la vera natura. Questa è una delle sfide più stimolanti che stanno di fronte all'astronomia moderna.

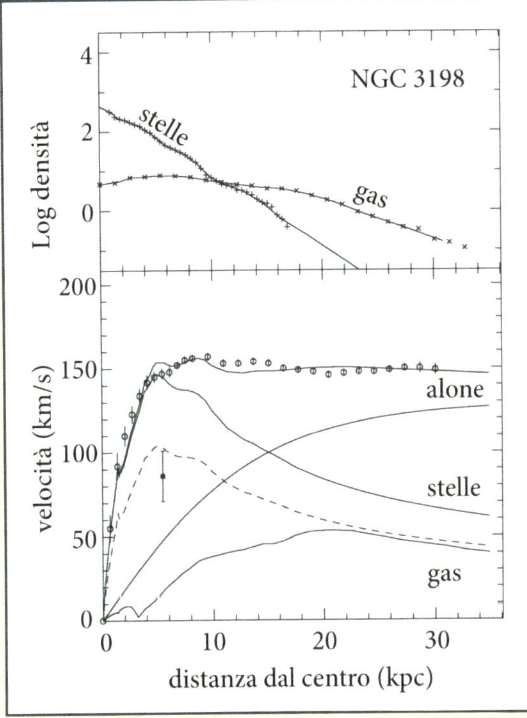

◀ **Figura 4.13** La materia oscura della galassia NGC 3198. Utilizzando la relazione tra massa, raggio e velocità di rotazione, e tenendo conto della densità osservata (grafico in alto) di stelle (+) e del gas (x), la teoria prevede curve di rotazione con velocità decrescenti a grandi distanze dal centro (*stelle* e *gas* indicano i contributi di queste due componenti). Le due curve previste sono però molto diverse da quella effettivamente osservata (cerchietti vuoti), per riprodurre la quale si deve aggiungere il contributo di un *alone* di materia oscura, abbondante soprattutto nella parte più esterna della galassia.

4.6. Le relazioni di scala

Una volta ottenuta la distanza delle galassie è possibile risalire alle loro proprietà intrinseche come la luminosità o le dimensioni lineari. Come indicato nei capitoli precedenti, è possibile in seguito utilizzare queste quantità per determinare il contenuto totale in gas atomico e molecolare, il tasso di formazione stellare, il contenuto di polvere o di elementi pesanti (metalli) ecc., per ciascuna delle galassie per le quali sono disponibili dati a diverse lunghezze d'onda. Questi dati possono essere utilizzati per studiare le relazioni tra le diverse componenti di una galassia e quindi l'origine e la natura dei processi fisici che vi sono all'opera. Per esempio, è logico pensare che la formazione stellare sarà più attiva nei sistemi più ricchi di gas. L'analisi statistica di grandi campioni di galassie permette di effettuare questo tipo di studi, a condizione di prendere molte precauzioni.

Per prima cosa, bisogna utilizzare campioni ben selezionati per includere oggetti simili e quindi confrontabili fra loro (bisogna evitare di "paragonare mele con pere").

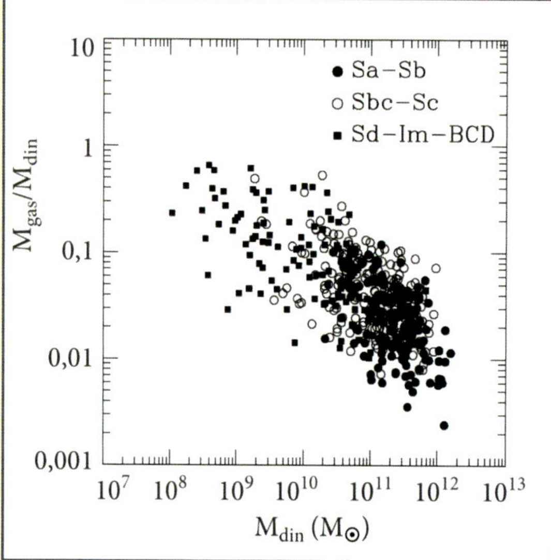

◀**Figura 4.14** Relazione tra la quantità di gas per unità di massa e la massa di galassie a spirale e irregolari. La massa è misurata in unità solari ($M_⊙$, pari a 2×10^{30} kg). Simboli diversi vengono usati per distinguere le galassie di tipo Sa-Sb (cerchi pieni), Sbc-Sc (cerchi vuoti) e Sd-Im-BCD (quadrati pieni).

Inoltre, bisogna capire che molte relazioni statistiche sono dominate da effetti di dimensione. Le galassie più luminose fanno più stelle delle galassie nane solo perché, essendo più grosse, hanno un contenuto di gas maggiore. Questo dato non ci insegna niente di nuovo sul processo di formazione stellare. È come dire che un elefante è più forte di una formica: è qualcosa di per sé evidente, vista la differenza di taglia. Invece, se proviamo a quantificare la forza specifica, per unità di peso, allora scopriamo che una formica è molto più forte di un elefante, essendo in grado di trasportare una briciola o una semente parecchie volte più pesante di sé: l'elefante, in proporzione, non ce la farebbe. Per questa ragione, nelle analisi statistiche spesso si usano le grandezze normalizzate, in modo da eliminare l'effetto di taglia o di luminosità.

La Figura 4.14 mostra la relazione tra la quantità di gas totale (atomico e molecolare) per unità di massa e la massa dinamica delle galassie a spirale e irregolari. La massa dinamica è la massa totale racchiusa all'interno del bordo ottico della galassia: le galassie a spirale e irregolari hanno tipicamente masse dinamiche comprese tra 10^8 e 10^{12} masse solari. La frazione della massa di gas rispetto alla massa totale varia tra circa il 5% negli oggetti più massicci (generalmente spirali di tipo Sa-Sb) e circa il 40% nelle galassie di piccola massa (Sd-Im-BCD).

La Figura 4.15 mostra la relazione tra un parametro legato al tasso di nascita di stelle e la massa dinamica delle galassie a spirale e irregolari. Questo parametro è definito

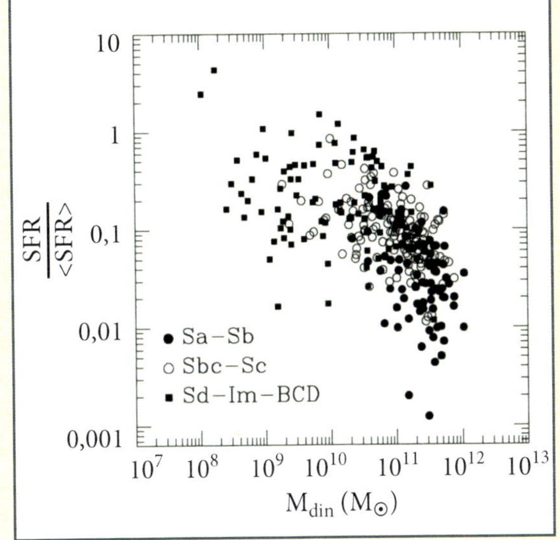

◀ **Figura 4.15** Relazione tra il parametro del tasso di nascita di stelle e la massa dinamica delle galassie di tipo tardo. Il parametro in ordinata è definito come il rapporto tra il tasso di formazione stellare attuale (SFR) e quello medio nel passato (<SFR>). Simboli diversi sono utilizzati per distinguere le galassie di tipo Sa-Sb (cerchi pieni), Sbc-Sc (cerchi vuoti) e Sd-Im-BCD (quadrati pieni).

come il rapporto tra il tasso di formazione stellare attuale (SFR, *Star Formation Rate* in inglese) e quello medio nel passato (<SFR>). Il tasso attuale, che indica il numero di stelle che ogni anno si formano in una galassia, può essere rilevato da misure di luminosità nella riga Hα o nell'ultravioletto, mentre il valore medio nel passato può essere stimato dividendo la luminosità totale di una galassia, proporzionale al numero di stelle che la galassia ha partorito nel corso della sua esistenza, per la sua età media, che è di circa 13 miliardi di anni. I valori di SFR/<SFR> più grandi dell'unità indicano che le galassie stanno formando oggi più stelle che nel passato; se, al contrario, SFR/<SFR> è minore di 1, significa che le galassie sono state più attive nel passato.

Come si vede dal grafico, solo alcune delle galassie a spirale e irregolari, le sole ancora produttive nell'era attuale, hanno un'attività di formazione stellare presente paragonabile a quella passata. È possibile inoltre notare che gli oggetti oggi più attivi (quelli con un rapporto SFR/<SFR> più grande) sono le galassie di massa dinamica più piccola, per la maggior parte nane irregolari.

Le implicazioni sull'evoluzione cosmica delle galassie sono importanti: significa infatti che le galassie più massicce hanno trasformato la maggior parte del loro gas in stelle nel passato, mentre gli oggetti di piccola massa continuano a trasformare il gas in stelle sostanzialmente agli stessi ritmi dal tempo della loro creazione. Se tutte le galassie si formarono alla stessa epoca, circa 13 miliardi di anni fa, possiamo allora rappresentare

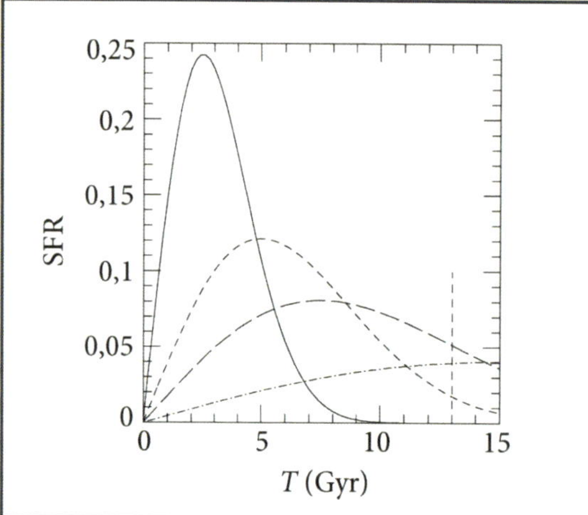

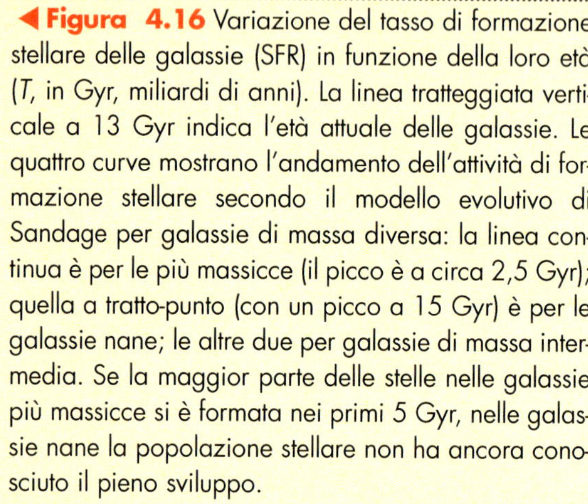

◄ **Figura 4.16** Variazione del tasso di formazione stellare delle galassie (SFR) in funzione della loro età (*T*, in Gyr, miliardi di anni). La linea tratteggiata verticale a 13 Gyr indica l'età attuale delle galassie. Le quattro curve mostrano l'andamento dell'attività di formazione stellare secondo il modello evolutivo di Sandage per galassie di massa diversa: la linea continua è per le più massicce (il picco è a circa 2,5 Gyr); quella a tratto-punto (con un picco a 15 Gyr) è per le galassie nane; le altre due per galassie di massa intermedia. Se la maggior parte delle stelle nelle galassie più massicce si è formata nei primi 5 Gyr, nelle galassie nane la popolazione stellare non ha ancora conosciuto il pieno sviluppo.

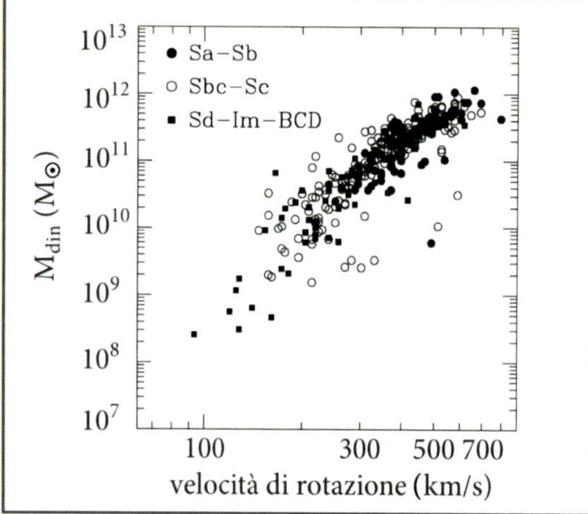

◄ **Figura 4.17** La relazione di Tully-Fisher stabilisce un nesso tra la velocità di rotazione e la luminosità delle galassie a spirale. Vengono utilizzati simboli diversi per distinguere le galassie di tipo Sa-Sb (cerchi pieni), Sbc-Sc (cerchi vuoti) e Sd-Im-BCD (quadrati pieni).

schematicamente l'evoluzione del tasso di formazione stellare di una galassia usando il modello evolutivo di Sandage mostrato in Figura 4.16.

Questi esempi mostrano come semplici relazioni di scala possano essere utilizzate per vincolare i modelli di formazione e di evoluzione delle galassie che descriveremo in dettaglio nel capitolo 7. Le relazioni di scala, come quelle mostrate in Figura 4.14 e 4.15, sono numerose e di vario tipo. Possono concernere le proprietà spettro-fotometriche delle galassie, e quindi porre limiti sulle popolazioni stellari e sull'attività di formazione stellare presente e passata, sul contenuto di gas (atomico, molecolare, ionizzato...), sul contenuto di polvere ecc. Queste relazioni possono anche essere utilizzate per fissare i

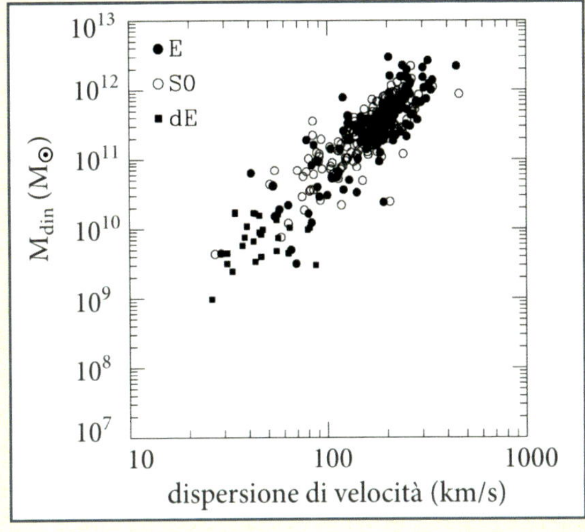

◀ **Figura 4.18** La relazione di Faber-Jackson lega la dispersione di velocità delle stelle delle galassie ellittiche con la luminosità della galassia. Simboli diversi vengono utilizzati per distinguere le galassie ellittiche (E, cerchi pieni), le lenticolari (S0, cerchi vuoti) e le ellittiche nane (dE, quadrati pieni).

parametri strutturali delle galassie (presenza e importanza di un *bulge* o di una barra, per esempio) o cinematici (velocità e forma della curva di rotazione). A questo proposito, possiamo ricordare due relazioni di scala fondamentali, che abbiamo già descritto, che legano proprietà cinematiche, come la velocità di rotazione (per le spirali) o la dispersione di velocità (per le ellittiche), a proprietà spettro-fotometriche e quindi alle popolazioni stellari delle galassie. La prima tra queste è la relazione di Tully-Fisher, valida per le galassie a spirale, che stabilisce un legame tra la velocità di rotazione di una galassia e la sua luminosità (Figura 4.17): le galassie che girano su se stesse con le velocità più elevate sono anche gli oggetti più luminosi e massicci.

Per le galassie ellittiche, vale qualcosa di simile. In questo caso, si parla della relazione di Faber-Jackson, la quale stabilisce l'esistenza di un nesso tra la dispersione di velocità e la luminosità delle galassie (Figura 4.18).

L'esistenza di queste due relazioni non deve sorprendere. Se supponiamo che la luminosità di una galassia sia proporzionale alla sua massa (ipotesi verosimile: i sistemi con più stelle sono presumibilmente anche più massicci), dobbiamo certamente aspettarci, tenendo presente la formula riportata nel precedente paragrafo, che sussista una relazione tra la velocità di rotazione (per le spirali), o la dispersione di velocità (per le ellittiche), e la luminosità.

Per essere più precisi, dobbiamo dire che la relazione di Faber-Jackson è una semplice generalizzazione di una relazione ancora meglio definita, e valida per le galassie ellittiche, conosciuta come *relazione del piano fondamentale*. Essa lega la dispersione di velocità a due parametri strutturali caratteristici delle galassie ellittiche, il diametro e la brillanza superficiale.

È chiaro inoltre che queste tre relazioni (Tully-Fisher, Faber-Jackson e piano fondamentale), essendo abbastanza ben verificate per ogni sistema, possono essere utilizzate per ricavare la distanza delle galassie. Esse permettono, infatti, di sfruttare misure cinematiche, come le velocità di rotazione e di dispersione (che sono indipendenti dalla distanza), per fissare la luminosità intrinseca delle galassie che, confrontata con quella osservata, fornisce la distanza del sistema.

4.7. La funzione di luminosità

Abbiamo visto nei capitoli precedenti che le galassie che popolano l'Universo si presentano con diversi tipi morfologici e diverse luminosità. Non abbiamo però ancora parlato di come si distribuiscono nello spazio e nel tempo. Le galassie massicce e luminose sono più frequenti o più rare delle nane? La frazione di galassie massicce nell'Universo locale è la stessa che si registra nel passato? Per rispondere a queste domande gli astronomi hanno sviluppato strumenti statistici capaci di riprodurre quantitativamente la distribuzione delle galassie a diverse epoche.

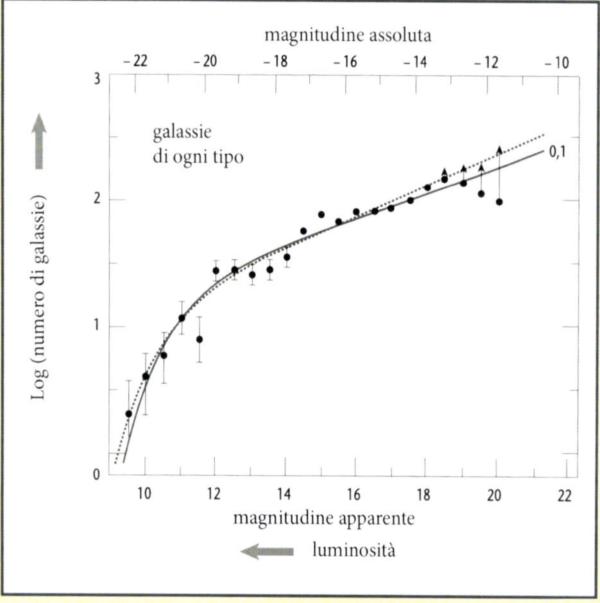

◄ **Figura 4.19** Funzione di luminosità dell'ammasso della Vergine. Le luminosità sono riportate sull'asse delle X: in basso le magnitudini apparenti, in alto le magnitudini assolute, che misurano la luminosità intrinseca dei vari sistemi. Sull'asse delle ordinate, in scala logaritmica, viene riportato il numero di oggetti osservati per ogni intervallo di luminosità. Le galassie più brillanti stanno nella parte sinistra del grafico.

Il parametro usato più frequentemente è la *funzione di luminosità*, una funzione che esprime il numero di galassie per intervallo di luminosità in un dato volume spaziale. La luminosità delle galassie, espressa in magnitudini assolute, può essere determinata conoscendone la distanza. Per limitare il conteggio statistico delle galassie a un dato volume, e quindi a una precisa epoca cosmica, generalmente si fissa un intervallo di distanza entro il quale realizzare il computo. La funzione di luminosità può essere diversa, in funzione della distanza, e quindi dell'epoca cosmica, se il numero o la luminosità delle galassie è evoluta nel tempo: questo sembra essere effettivamente il caso. La Figura 4.19 mostra la funzione di luminosità relativa all'ammasso della Vergine. Come vedremo nel capitolo 6, in questa regione le galassie sono raggruppate in un ammasso molto ricco e relativamente vicino a noi. Poiché, in prima approssimazione, la distanza delle singole galassie può essere ritenuta la stessa per tutte, la determinazione della funzione di luminosità è relativamente semplice e precisa. Si evitano così gli effetti di selezione dovuti all'incompletezza del campione (in un grande volume di Universo campionato, si perdono le galassie di bassa luminosità più lontane).

L'analisi della funzione di luminosità indica che il numero di galassie aumenta al diminuire della luminosità: le galassie più piccole e deboli sono gli oggetti più abituali nell'Universo, mentre le galassie più brillanti sono assai più rare. Matematicamente, la funzione di luminosità delle galassie può essere rappresentata da una funzione analitica (che prende il nome di *funzione di Schechter*), descritta dalla linea continua in Figura 4.19. Possiamo notare che il numero di galassie cresce con la magnitudine dapprima rapidamente (la curva è assai ripida), per poi stabilizzarsi su un tasso di crescita molto meno marcato (la linea continua diventa rettilinea e di scarsa pendenza) quando le magnitudini assolute superano il valore -19.

Nell'Universo vicino è possibile determinare la funzione di luminosità delle galassie appartenenti a diverse classi morfologiche. Ciò non è possibile per le galassie più lontane, per le quali, a causa della piccola dimensione angolare, la classificazione morfologica non è sufficientemente precisa. La Figura 4.20 mostra la funzione di luminosità delle galassie dell'ammasso della Vergine distinta per le diverse classi morfologiche.

La funzione di luminosità ci dice che l'Universo è numericamente dominato dalle galassie nane. Più interessante ancora è il fatto che, confrontando le funzioni di luminosità a epoche cosmiche diverse (le si misura selezionando le galassie a intervalli di distanza crescente), ci si è accorti che sono presenti effetti evolutivi. Ciò significa che cambiano

▶ Figura 4.20

Funzione di luminosità delle galassie ellittiche e lenticolari (in alto) e spirali e irregolari (in basso) nell'ammasso della Vergine. Le galassie più brillanti sono nella parte sinistra del grafico. Le galassie ellittiche e lenticolari mostrano una doppia distribuzione: le galassie giganti, indicate con E+S0, rappresentate da cerchi vuoti e riprodotte dalla curva verde, hanno una distribuzione a forma di campana. Le galassie nane (dE+dS0, linea rossa e cerchi pieni) sono distribuite secondo una funzione di Schechter, con una parte molto ripida ad alte luminosità e una pendenza costante e meno forte a basse luminosità: le meno luminose sono quindi le più frequenti. La funzione di luminosità delle galassie a spirale è caratterizzata da una forma a campana. Le galassie irregolari (istogramma in verde) hanno una funzione di luminosità del tipo Schechter, ma la pendenza è tale che gli oggetti più deboli sono meno frequenti.

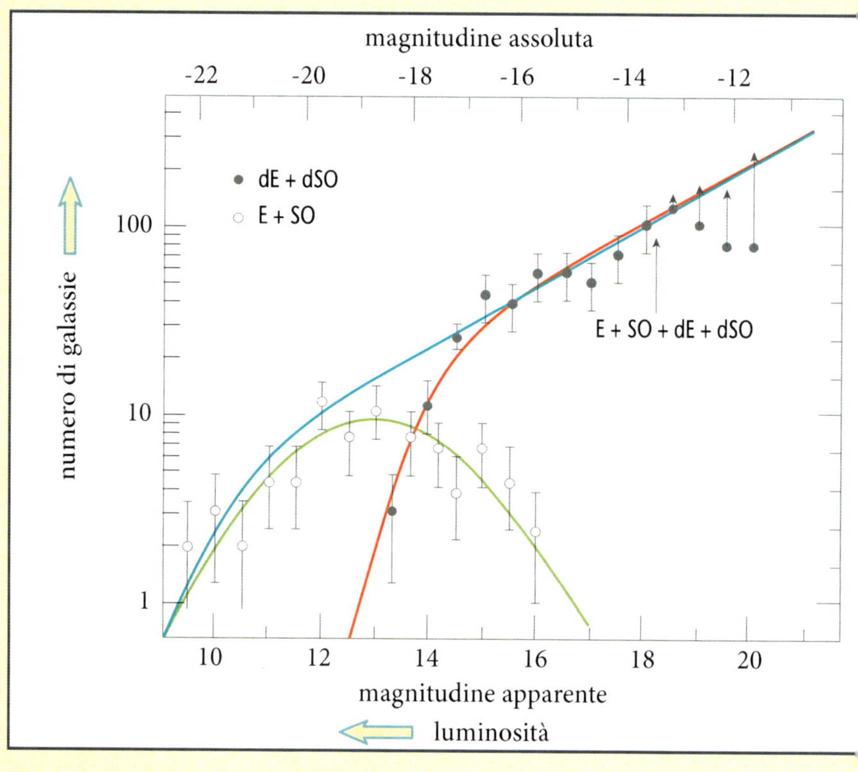

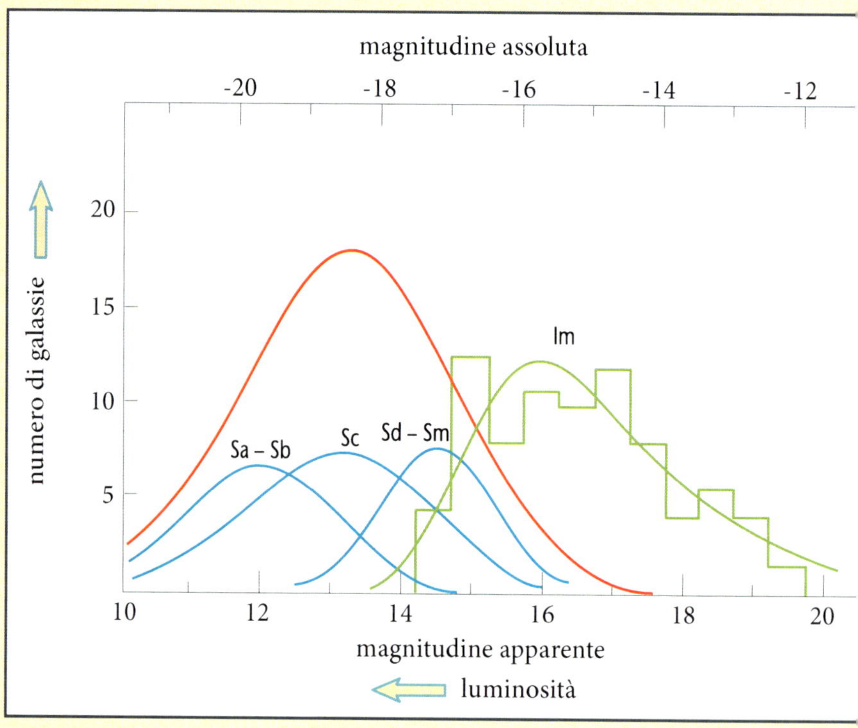

nel tempo o il numero delle galassie (la loro densità spaziale) o la loro luminosità. In effetti, non deve meravigliare questa circostanza. Le galassie possono formarsi anche a epoche cosmiche diverse, il che potrebbe farne cambiare il numero; oppure, potrebbe variare nel tempo la loro attività di formazione stellare, e allora cambierebbe la loro luminosità.

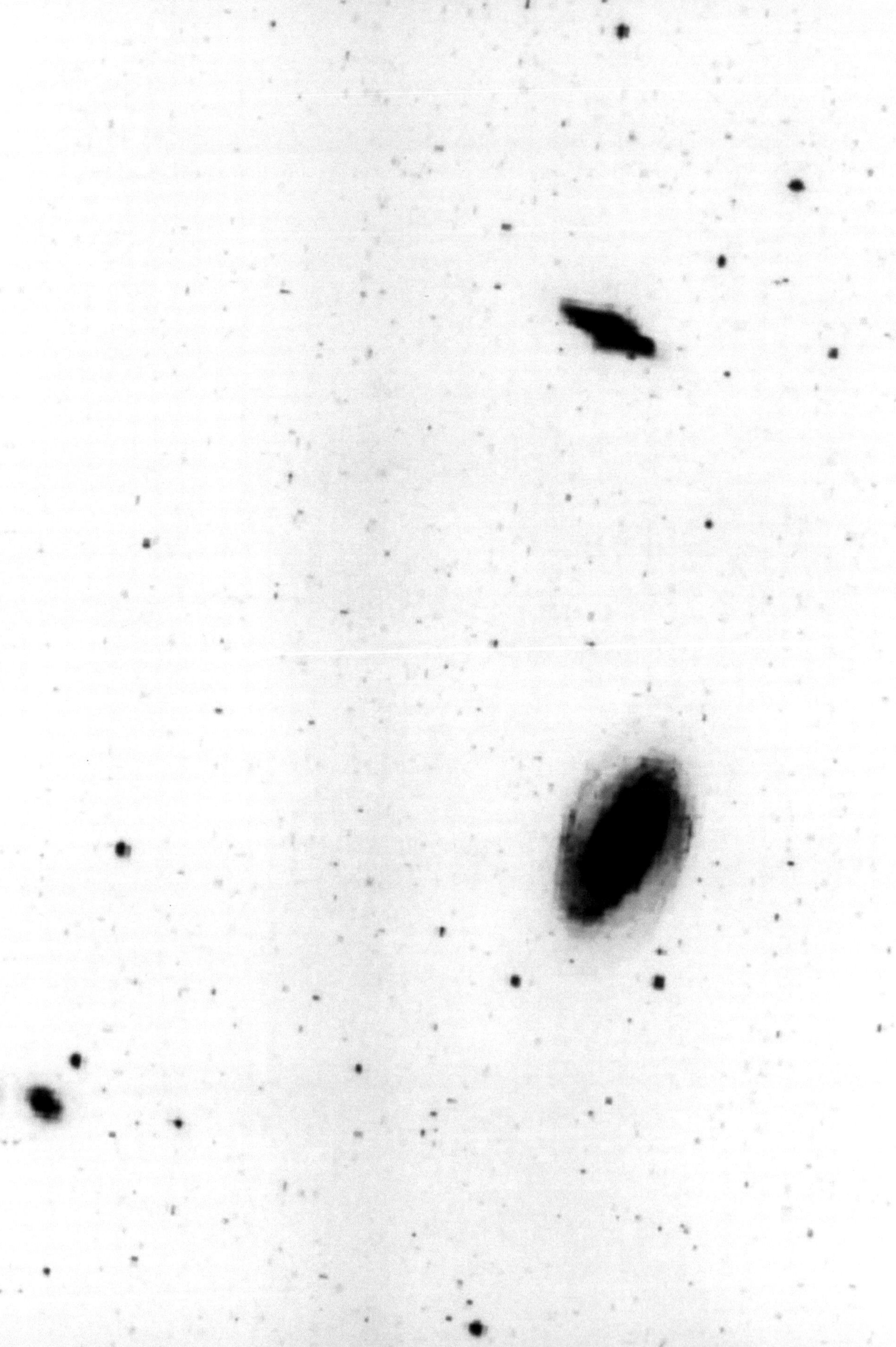

5. Le galassie e il loro ambiente

La distribuzione spaziale delle galassie nell'Universo è molto disomogenea. Troviamo galassie in regioni di bassa densità, come i vuoti cosmici, nei superammassi, caratterizzati da una densità che è cinque volte superiore a quella media dell'Universo, nei gruppi o negli ammassi, là dove la densità può raggiungere valori molto elevati, fino a mille volte la densità media dell'Universo.

L'ambiente nel quale sono inserite può incidere profondamente nell'evoluzione delle galassie.

In questo capitolo descriviamo i diversi ambienti nei quali le galassie possono trovarsi immerse, e gli effetti che essi inducono nella loro storia evolutiva.

◄ **Figura 5.1a** Il gruppo di galassie M81, M82 e NGC 3077 (DSS). M81 è la spirale al centro dell'immagine, M82 la galassia irregolare a nord (in alto) e NGC 3077 l'altra piccola galassia irregolare a est (sinistra) di M81. Questa immagine ottica non mostra alcun segno di interazione fra le tre galassie.

5.1. Le galassie isolate

Le galassie situate nei vuoti cosmici (capitolo 6), regioni dove la densità è circa cinque volte minore della densità media dell'Universo, sono dette *galassie isolate*. Nell'Universo, troviamo in media una sola galassia brillante in ogni regione di volume pari a 100 Mpc^3 (1 Mpc, megaparsec, corrisponde a circa tre milioni di anni luce). Una galassia isolata è, per definizione, un sistema che non ha interazioni gravitazionali con alcun oggetto. Dato che l'intensità delle forze gravitazionali dipende dalle masse dei due oggetti in interazione, oltre che dalla loro reciproca distanza, non è possibile stabilire una distanza standard al di sopra della quale una galassia possa essere considerata isolata. Come abbiamo visto in precedenza, le galassie hanno masse e dimensioni assai diverse. Per una galassia brillante e massiccia come M31, per esempio, sarà esigua e sostanzialmente trascurabile la perturbazione indotta da una galassia nana che le sia relativamente vicina: la massa della nana è infatti circa mille volte minore di quella di M31; al contrario, la galassia nana sarà sensibilmente perturbata dalla gigante M31. Per avere un ordine di grandezza, a puro titolo indicativo, si può comunque dire che una galassia può essere considerata isolata se non ha compagni a una distanza inferiore a 20 volte il suo diametro ottico. Adottando criteri d'isolamento piuttosto stringenti, gli astronomi ritengono che nell'Universo vicino le galassie veramente isolate sono appena il 5% del totale. Queste galassie si trovano principalmente nei vuoti cosmici.

Se i criteri d'isolamento vengono fissati in modo meno severo, la frazione delle galassie che possono considerarsi isolate aumenta sensibilmente fino a contenere la maggior parte degli oggetti dell'Universo locale. L'analisi dettagliata di questi sistemi ha mostrato che si tratta di galassie del tutto normali, non perturbate dal loro ambiente circostante. Ovviamente, il ruolo delle galassie di questo tipo risulta fondamentale nello stabilire uno standard quando si studiano gli effetti dell'ambiente sull'evoluzione galattica (paragrafo 5.7). Esse, infatti, costituiscono il riferimento al quale saranno paragonati altri campioni selezionati secondo i più vari e diversi criteri (sistemi binari, sistemi in interazione, gruppi compatti, ammassi di galassie) per ricercare quelle eventuali differenze sistematiche che possano dimostrare una possibile interazione con l'ambiente, presente o passata.

Di certo, la frazione di galassie isolate è cambiata sensibilmente nel tempo: l'espansione dell'Universo comporta infatti una progressiva diminuzione della densità media (l'Universo era più piccolo e più denso nel passato); è perciò verosimile che il numero

▲ Figura 5.1.b Immagine ultravioletta delle galassie M81 e M82 (GALEX). La morfologia molto peculiare di M82 è probabilmente dovuta all'interazione con M81. La galassia nana ad est (sinistra) di M81 è
Holmberg IX. È possibile notare un'emissione diffusa all'esterno dei bracci a spirale di M81.

delle galassie isolate vada incrementando nel tempo. Tuttavia, come vedremo nel capitolo 7, i modelli di formazione delle galassie suggeriscono che, pur in presenza della generale espansione cosmica, la materia si trova forzata a condensare negli ammassi o nei superammassi, favorendo così la creazione di regioni di alta densità.

5.2. Sistemi multipli e galassie in interazione

Non tutte le galassie dell'Universo locale sono isolate. Alcune fanno parte di sistemi binari: si tratta di coppie di galassie dinamicamente legate tra loro, che risentono della mutua attrazione gravitazionale. In tal caso, le due galassie orbitano una attorno all'altra o, più precisamente, entrambe compiono una rivoluzione, percorrendo orbite ellittiche, attorno al centro di massa del sistema, che è un punto situato sulla congiungente le due galassie e proporzionalmente più vicino al più massiccio dei due oggetti. In altri casi, le galassie possono avere moti propri che, in un dato momento, le portano alla minima distanza, prima di allontanarsi su orbite iperboliche.

Nei sistemi binari, la breve distanza tra i due oggetti, circa uno o due volte i rispettivi diametri ottici, fa sì che le interazioni gravitazionali tra le due componenti del sistema siano molto intense. Il fenomeno è della stessa natura delle maree oceaniche terrestri: da noi, l'attrazione gravitazionale esercitata dalla Luna e dal Sole solleva le masse d'acqua marine, nelle galassie queste forze possono spostare il gas dei dischi verso il nucleo, che è al centro della buca di potenziale gravitazionale di entrambi gli oggetti, inducendo la formazione di nuove stelle. Inoltre, le parti più esterne del disco possono essere perturbate al punto di disperdere nello spazio lunghe "code di marea", regioni di bassa brillanza superficiale composte di stelle e gas strappati al corpo della galassia. Le interazioni possono anche indurre la formazione di barre o di bracci a spirale.

Un esempio tipico di sistema in interazione è quello formato da M81, M82 e NGC 3077. L'immagine ottica ottenuta con il telescopio a grande campo di Monte Palomar

▶ **Figura 5.1c** Immagine radio nella riga dell'idrogeno neutro del gruppo di galassie M81, M82 e NGC 3077 (VLA). Le tre galassie principali e le due galassie nane Holmberg IX e Arp's Loop sono chiaramente identificabili come le regioni più brillanti. I filamenti intorno a queste galassie sono le code di marea create dall'interazione gravitazionale fra gli oggetti del gruppo.

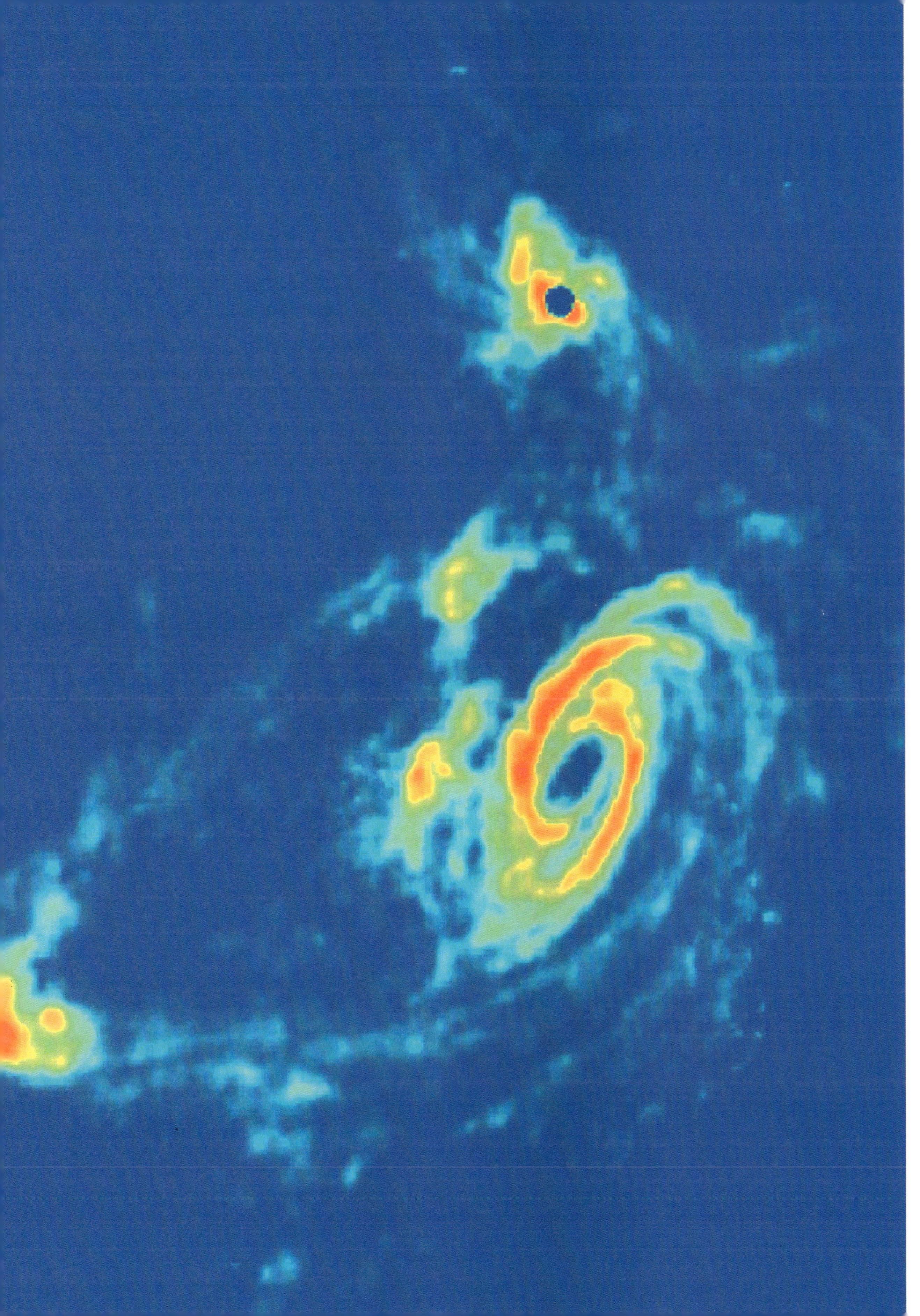

(Figura 5.1.a) mostra la posizione relativa delle tre galassie: in questa ripresa non si evidenzia però alcun segno d'interazione fra i tre oggetti del gruppo. L'immagine ultravioletta ottenuta dal satellite GALEX (Figura 5.1.b) inquadra i due membri principali del sistema, M81 e M82. A sinistra di M81 si può scorgere la galassia nana irregolare Holmberg IX.

L'immagine del GALEX, frutto di un'esposizione prolungata, permette di intravedere l'emissione diffusa nei prolungamenti dei bracci a spirale di M81 ben al di là del disco stellare. Ancora, non si evidenzia alcun segno di interazione con M82. La morfologia perturbata di M82 è però già di per sé un indizio convincente del fatto che un'interazione recente con M81 potrebbe aver innescato l'aumento significativo dell'attività di formazione stellare che si osserva in questa galassia. L'immagine radio del sistema, nella riga dell'idrogeno neutro, ottenuta con la rete di radiotelescopi del VLA (Figura 5.1.c) mostra con ogni evidenza che l'idrogeno atomico non è associato solamente alle quattro galassie, ma è presente attorno ad esse, nello spazio che le separa. Ci sono filamenti gassosi che connettono le tre galassie maggiori, ma viene rivelata anche l'emissione dell'idrogeno da nubi che non sono necessariamente legati alle galassie. A nord di Holmberg IX, per esempio, si può scorgere una regione emittente, che ha solo una debole controparte ultravioletta, chiamata Arp's Loop. La distribuzione dell'idrogeno atomico che ci mostra la Figura 5.1.c è l'indicazione più convincente che le galassie di questo sistema sono in interazione gravitazionale reciproca. Il gas situato nelle parti esterne del disco, e quindi debolmente legato al corpo della galassia, viene risucchiato e rimosso dall'interazione con le compagne.

I sistemi come Holmberg IX e Arp's Loop sono detti "galassie nane di marea" perché probabilmente sono il frutto dell'interazione gravitazionale tra le galassie del gruppo. Si può infine notare che il sistema di M81 non è un tripletto, come sembrerebbe doversi dedurre dall'immagine ottica, ma piuttosto un gruppo di sei galassie (la sesta è NGC 2976, non inquadrata dalle precedenti immagini perché molto più a sud).

5.3. La fusione di galassie

Le coppie di galassie legate dinamicamente non sono necessariamente sistemi stabili nei quali le due galassie orbitano indefinitamente intorno al loro centro di massa. Spesso, i due sistemi, mutuamente attratti dalle forze gravitazionali, si avvicinano sem-

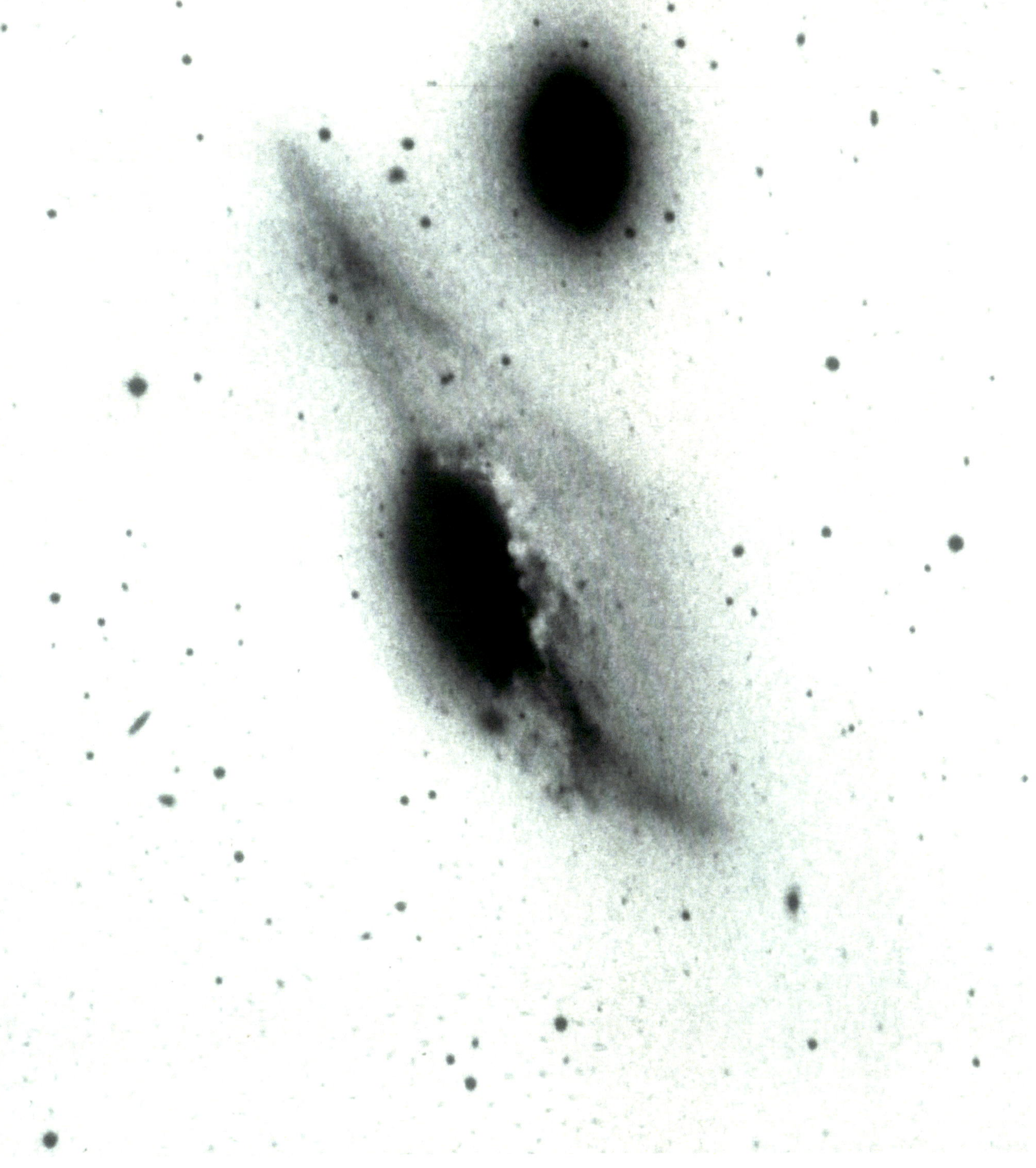

▲ **Figura 5.2** Le galassie NGC 4438 (al centro) e NGC 4435 (in alto) nell'ammasso della Vergine (Telescopio du Pont, Las Campanas). NGC 4438 ha una regione centrale molto compatta e ricca di stelle, accompagnata da code di marea di bassa brillanza superficiale allungate verso nord e sud-ovest. L'estensione di questi filamenti è di circa 75 mila anni luce. L'altra galassia, NGC 4435, non sembra essere stata sensibilmente perturbata dall'interazione. Le macchie chiare sul bordo est (destra) del bulge di NGC 4438 sono dovute alla polvere (la fotografia è in negativo).

pre più l'uno all'altro fino al punto in cui le forze mareali sono così intense da modificare la morfologia di entrambi.

Se la velocità relativa fra i due oggetti è molto elevata, come avviene all'interno degli ammassi di galassie, dove le velocità sono dell'ordine di 1000 km/s, dopo l'incontro stretto le due galassie si allontanano di nuovo, magari dopo aver parzialmente modificato le loro orbite. Un caso tipico è quello della galassia a spirale NGC 4438 nell'ammasso della Vergine, recentemente perturbata dall'interazione con l'ellittica NGC 4435 (Figura 5.2). L'interazione tra le due galassie è stata capace di strappare gas e stelle al disco di NGC 4438, con la formazione di lunghe code mareali. Essendo molto più compatta e povera di gas, non sembra invece che la galassia ellittica sia stata sensibilmente perturbata.

Filamenti, code e altre strutture mareali indotte dall'interazione possono essere riassorbite dalla galassia, oppure collassare intorno alle regioni più dense per formare galassie nane di marea.

Al di fuori degli ammassi, le velocità relative delle galassie sono minori, gli incontri stretti durano più a lungo e le forze mareali hanno modo di far sentire più intensamente i loro effetti: in queste condizioni, le collisioni possono concludersi con una fusione. I due sistemi danno vita a un'unica galassia.

La frizione del gas interstellare delle due galassie può indurre turbolenze locali, con un aumento della pressione e della densità del gas che può innescare la formazione di nuove stelle. Le stelle di una galassia, essendo separate da grandi distanze, hanno una probabilità estremamente bassa di scontrarsi con le stelle dell'altra galassia. Tuttavia, anche se non entrano in contatto diretto, la frizione dinamica che esse esercitano reciprocamente può indurre importanti perturbazioni sul loro moto.

Ma cos'è la frizione dinamica? Immaginiamo una stella di una galassia che attraversi ad alta velocità un'altra galassia, come mostrato in Figura 5.3. Lungo il suo percorso, essa attirerà a sé un certo numero di stelle dell'altra galassia, che in tal modo vengono a riunirsi in regioni di più alta densità. Nel tempo necessario ad addensare le stelle perturbate, la stella proiettile si starà già allontanando dalla regione, ma ne subirà al contempo l'attrazione gravitazionale, di modo che verrà rallentata, magari fino al punto di essere catturata dalla galassia. È come se la stella subisse una sorta d'attrito ad opera delle stelle della galassia bersaglio, un attrito mediato dalle forze gravitazionali, senza alcun contatto diretto. Per questo si parla di frizione dinamica.

L'energia cinetica perduta dalla stella proiettile viene trasferita alle stelle della galassia attraversata, che aumentano così i loro moti propri, incrementando la dispersione di velocità della galassia. Questo fenomeno opera, a maggior ragione, quando il proiettile non è una singola stella, ma un'intera galassia: in questo caso, se si perviene alla fusione dei due sistemi, alla fine troveremo un unico oggetto caratterizzato da un'alta dispersione di velocità.

Il processo di fusione di due galassie, che può durare qualche centinaio di milioni di anni, può essere simulato al calcolatore. La Figura 5.4 mostra la simulazione di una fusione (il corrispondente termine inglese è *merging*) di due galassie a spirale di dimensioni confrontabili. Le nove immagini mostrano la sequenza temporale dell'interazione.

Dapprima le due galassie si avvicinano, entrano in collisione, si compenetrano vicendevolmente e passano oltre. In questa prima fase, solo il gas diffuso dei due oggetti entra in reciproco contatto. Per quanto riguarda le stelle, le perturbazioni indotte dalla frizione dinamica cominciano a modificare la morfologia di entrambe le galassie e si formano le code mareali. La struttura a spirale delle due galassie ancora si mantiene, anche se di forma assai perturbata. In questa simulazione, le forze gravitazionali risultano in grado di richiamare indietro le due galassie, dopo il primo passaggio ravvicinato, e di farle ricadere di nuovo l'una sull'altra. Il nuovo violentissimo urto tra le componenti gassose dei due sistemi dà il via, per la seconda volta, a un'intensa attività di formazione stellare.

In questa circostanza, la maggior parte del gas viene trasformata in stelle nell'arco di circa un centinaio di milioni di anni, che è un tempo brevissimo; per confronto, la scala temporale tipica per la formazione delle stelle nelle galassie non perturbate è di qualche miliardo di anni. Si avvia così la fase più convulsa di una galassia *starburst*, quella che porta alla formazione di una sorgente ultraluminosa in infrarosso. La galassia che esce dall'interazione perde la rotazione ordinata delle sue stelle, tipica delle spirali: la frizione dinamica perturba i moti stellari, che diventano caotici. Si assiste quindi alla formazione di una galassia ellittica.

Le osservazioni confermano che questo processo di fusione è un fenomeno relativamente frequente nell'Universo, probabilmente più nel passato che all'epoca attuale, quando

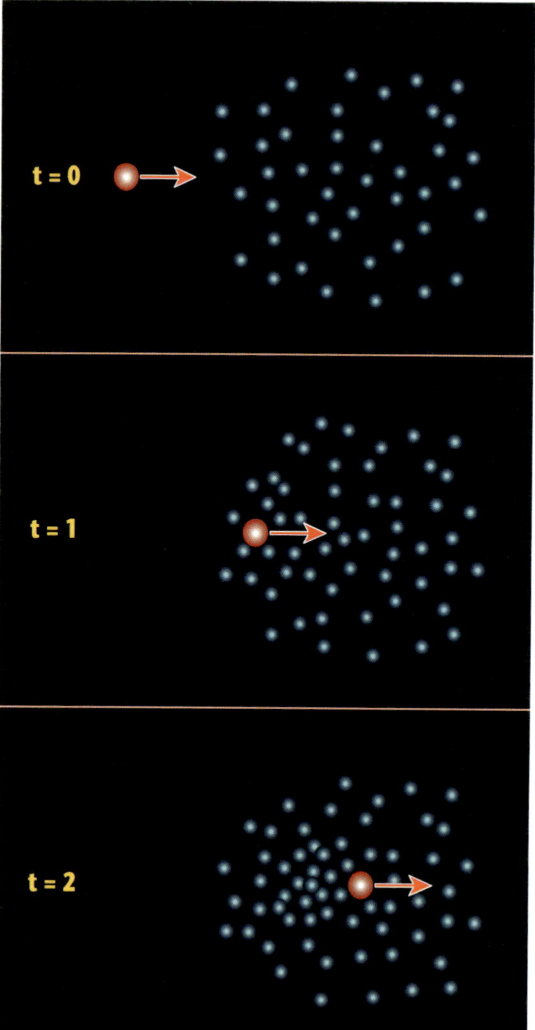

◀ **Figura 5.3** La frizione dinamica esercitata da un gruppo di stelle su una stella proiettile che lo attraversa. La stella proiettile attira gravitazionalmente le altre a sé, creando alle proprie spalle una regione ad alta densità, la cui attrazione è sufficiente per rallentarla e, alla fine, catturarla.

▶ **Figura 5.4** Simulazione del processo di fusione tra due galassie a spirale di dimensioni confrontabili. Il tempo scorre da sinistra a destra e dall'alto in basso. Nella seconda immagine manca poco alla collisione, avvenuta la quale (terza immagine) le due galassie si allontanano lasciandosi dietro lunghe code mareali; poi, la gravità le richiama vicine e tutto termina con la formazione di una galassia ellittica. Il tempo trascorso tra la prima e l'ultima immagine di questa simulazione è di circa un miliardo di anni.

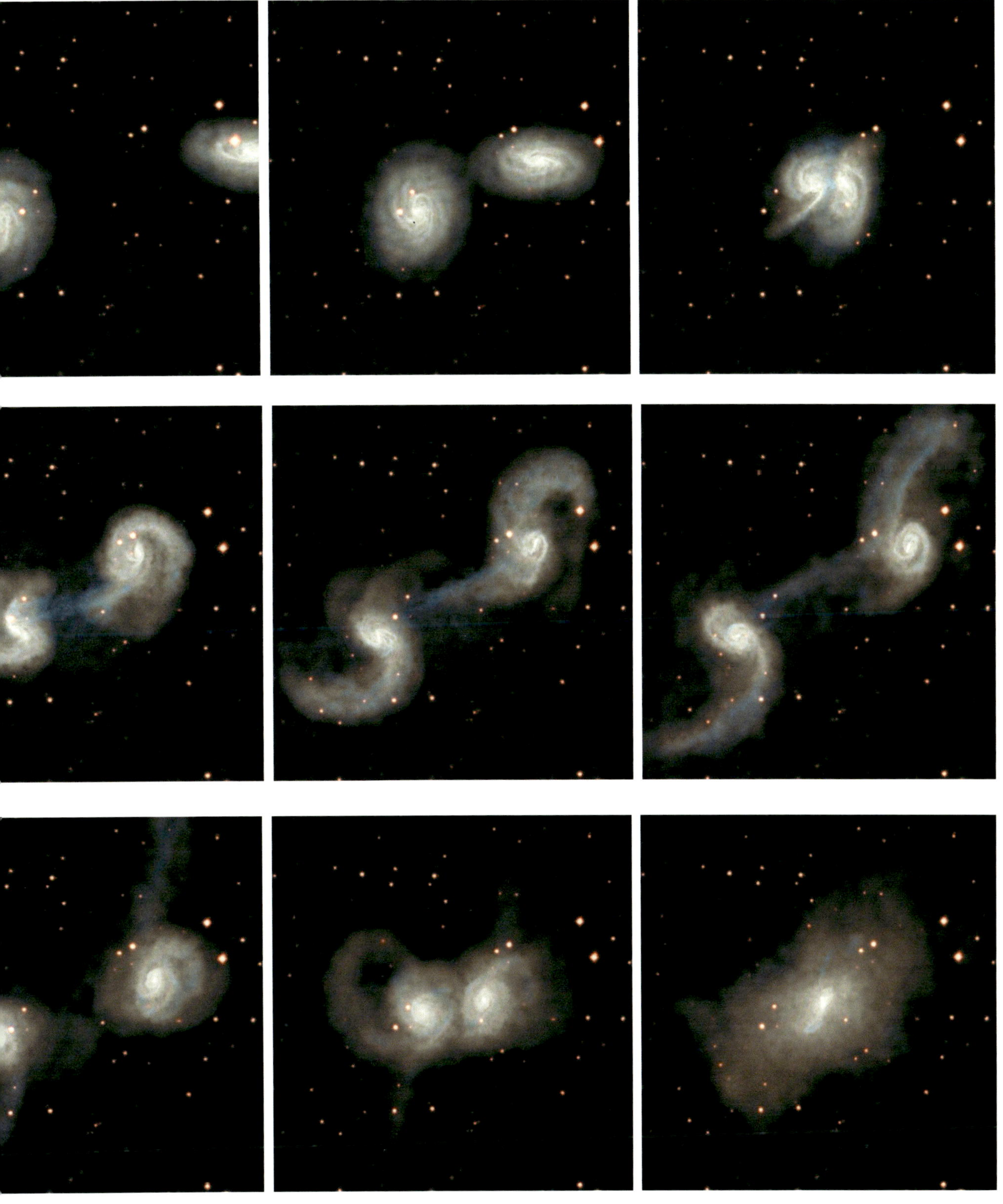

Figura 5.5 Il sistema in interazione di NGC 2207 e IC 2163 (HST). Qui siamo nella prima fase di avvicinamento di due galassie che stanno cominciando un processo di fusione. La struttura a spirale e la rotazione delle due galassie non sono ancora state sensibilmente perturbate dall'interazione.

▲ **Figura 5.6** NGC 3314 (HST) è un sistema costituito da due galassie nella fase del loro primo incontro. Nonostante che la collisione sia in atto, la morfologia delle due galassie, almeno per ciò che concerne le stelle, non risulta perturbata. Ciò è dovuto al fatto che la frizione dinamica agisce su tempi lunghi. Il contatto per ora interessa solo le componenti gassose.

la densità dell'Universo e le probabilità di collisione erano più elevate. Le immagini che pubblichiamo in queste pagine mostrano strette similitudini con le figure che emergono dalla simulazione della Figura 5.4. Per esempio, le galassie NGC 2207 e IC 2163 (Figura 5.5) sono due sistemi in avvicinamento e corrispondono all'immagine numero 2 della simulazione; NGC 3314 (Figura 5.6) è un sistema composto da due galassie che si incontrano per la prima volta (terza immagine della simulazione). NGC 4676 (Figura 5.7) esemplifica la fase immediatamente successiva alla prima collisione: si noti la somiglianza con la figura numero 7 della simulazione. Le Antennae (NGC 4038 e 4039, Figura 5.8) possono essere assunte come esempio della fase che precede di poco la fusione finale (figura numero 8).

La fusione tra due galassie a spirale di massa confrontabile, entrambe ricche di gas, può innescare intensi eventi di formazione stellare. La fusione tra una galassia a spirale e un'ellittica può trasformare in stelle solo il gas della spirale. La fusione di due ellittiche, assai frequente negli ammassi di galassie, non innesca la formazione stellare perché i due sistemi difettano di materia prima, le nubi di gas e polveri. Nel caso di un'interazione fra galassie di taglia diversa, la più piccola finisce con l'essere totalmente assorbita dalla più massiccia. Se quella di taglia maggiore è un'ellittica, la sua morfologia non cambia significativamente. Se la galassia nana assorbita è ricca di gas, la fusione può innescare la formazione stellare nel centro dell'ellittica e trasformare rapidamente tutto il gas disponibile in stelle. Se, al contrario, la galassia massiccia è una spirale, l'interazione può perturbarne la rotazione. In questo caso, si può avere la formazione di bracci a spirale molto marcati (come nel caso di M51; Figura 2.10), oppure di una barra centrale, eventualmente con la costituzione di code mareali; a lungo termine, si può verificare l'ispessimento del disco e lo stabilirsi di un *bulge* di notevoli proporzioni. Se la galassia satellite è anch'essa ricca di gas, l'interazione può determinare la nascita di nuove stelle dentro le code di marea e nel nucleo. La galassia Girino (UGC 10214) ne è un esempio tipico (Figura 5.9): la galassia a spirale gigante sta inghiottendo una nana blu compatta (in alto a sinistra del disco). L'interazione ha prodotto code di marea estese più di 280 mila anni luce e innescato episodi di formazione stellare al loro interno, chiaramente riconoscibili come regioni compatte di colore blu.

Le galassie anulari, come l'Oggetto di Hoag (Figura 1.27) e AM 0644-741 (Figura 1.28), sembrano essere anch'esse il prodotto di un'interazione gravitazionale. Le simulazioni numeriche mostrano che le galassie anulari possono formarsi quando il centro di una galassia a spirale è attraversato a grande velocità (circa 1000 km/s) da una piccola

◀ **Figura 5.7** In NGC 4676 (HST) la collisione tra due galassie è già avvenuta. La struttura a spirale è quasi distrutta: si possono a malapena distinguere alcuni bracci a spirale nella galassia di sinistra. Una grande quantità di gas è collassata al centro, per dar vita a nuove stelle. La perturbazione gravitazionale ha formato code di marea molto estese e nuclei assai densi.

▲ **Figura 5.8** Le Antennae (NGC 4038 e NGC 4039) sono un sistema binario nella fase finale della loro fusione (HST). L'immagine a grande campo (in alto, in b/n) consente di apprezzare l'estensione delle code di marea, la cui forma dà il nome al sistema. L'immagine a colori è un ingrandimento delle regioni centrali. Si possono riconoscere i resti dei bracci a spirale, testimoni di una passata rotazione ordinata. Diverse regioni HII di formazione stellare sono riconoscibili come zone compatte di alta brillanza superficiale. Le regioni scure sono nubi di polvere.

▶ **Figura 5.9** La galassia Girino, UGC 10214 (HST). La morfologia peculiare di questa galassia è dovuta all'interazione con una galassia nana blu compatta ancora visibile in alto a sinistra, racchiusa tra il braccio a spirale e il bulge di UGC 10214. L'immagine è talmente profonda che è possibile vedere molte lontane galassie di fondo.

galassia che si muove lungo l'asse perpendicolare al disco della spirale. In questi due casi, si valuta che l'incontro sia avvenuto di recente, circa due miliardi di anni fa. È possibile visualizzare intuitivamente l'interazione pensando all'effetto di una pietra che cade in verticale sulla superficie di uno stagno. La pietra sviluppa una serie di onde circolari, mentre nel punto di caduta l'acqua, dopo l'impatto, solleva un'increspatura conica. Il mezzo interstellare della galassia a spirale si comporta non diversamente dall'acqua dello stagno: si ha la formazione di un anello che si propaga verso l'esterno e un riassemblamento di materia al centro. Il gas dell'anello, che ora è più denso, può in seguito innescare la formazione di stelle. Spesso, si possono osservare nei dintorni delle galassie anulari certe piccole galassiette che potrebbero essere responsabili della creazione degli anelli, ma non nei due casi citati, perché l'alta velocità ha consentito alle piccole galassie proiettili di allontanarsi sufficientemente da uscire dal campo inquadrato.

Anche le galassie ad anello polare possono essere frutto dell'interazione di due galassie. Le simulazioni mostrano che NGC 4650A (Figura 1.29) potrebbe essere nata dalla collisione di una galassia a spirale che attraversa a bassa velocità una galassia vista di taglio. Il gas della spirale, catturato dall'altra galassia, mantiene la sua rotazione originale, che risulta adagiata su un piano perpendicolare a quello equatoriale della galassia bersaglio.

5.4. I gruppi di galassie

Quando più galassie sono relativamente vicine fra loro, la combinazione dei loro campi d'attrazione produce una buca di potenziale sufficientemente profonda ed estesa da creare un sistema gravitazionalmente legato. Intuitivamente, immaginando lo spazio come un grande materasso deformato dalla presenza di pesanti bocce che vi sono appoggiate sopra, se questi corpi sono vicini, le singole deformazioni si sommano per dar vita a un'unica buca di potenziale. Gli oggetti all'interno di questa regione avranno la tendenza a cadere verso il punto più profondo, ma così facendo acquisiranno velocità sufficienti per attraversare la buca di potenziale e risalire la parete di fronte, fino ai

bordi della regione perturbata. Poi ricadranno verso il centro e risaliranno dalla parte opposta, senza comunque mai uscire dalla buca. In modo analogo, se più galassie vicine formano un sistema dinamicamente stabile al quale ciascuna di esse resta legata, quel sistema prende il nome di *gruppo di galassie*.

La Via Lattea forma con M31 (la galassia di Andromeda) e diversi altri oggetti meno luminosi un gruppo chiamato Gruppo Locale. Esistono diversi tipi di gruppi: se la distanza media tra i sistemi che lo compongono è relativamente importante si è in presenza di un gruppo allargato, o disperso. Se, al contrario, la distanza tra le galassie è abbastanza ridotta, dell'ordine del diametro ottico (circa 100 mila anni luce), si è in presenza di un gruppo compatto. Il Quintetto di Stéphan, scoperto a Marsiglia con il telescopio di 80 cm di Foucault nel XIX secolo, e mostrato in Figura 5.10, è un esempio di gruppo compatto.

La morfologia delle galassie che compongono un gruppo compatto è spesso perturbata a causa delle interazioni gravitazionali molto intense tra le diverse componenti. Nei gruppi compatti si possono facilmente riconoscere le code mareali create nell'interazione. Nelle code talvolta si enucleano regioni compatte che, qualora riescano a distaccarsi dalla galassia principale, possono dar luogo a nuove galassie nane (le cosiddette nane di marea).

5.5. Gli ammassi di galassie

Gli ammassi sono insiemi di galassie tutte legate gravitazionalmente, in numero compreso fra diverse centinaia e qualche migliaio. Al loro interno, la densità di sistemi cresce dalla periferia verso il centro, dove si possono raggiungere valori dell'ordine di 100 galassie/Mpc^3, ossia valori mille volte più elevati di quello medio dell'Universo. Gli ammassi sono assai estesi, con dimensioni lineari di diversi milioni di anni luce, anche se la parte più densa è sensibilmente più piccola e riguarda i 250 kpc centrali (è circa 10 volte più piccola dell'ammasso). La buca di potenziale gravitazionale creata da queste importanti concentrazioni di materia è molto profonda e attira a sé tutti gli oggetti circostanti.

Studiando la distribuzione delle galassie nell'Universo locale, ci si è resi conto dell'esistenza di galassie in caduta verso gli ammassi più ricchi, come l'ammasso della Vergine o quello della Chioma di Berenice. Questi ammassi sono dunque in continua evoluzio-

▲ Figura 5.10 Il famoso Quintetto di Stéphan (NOAO). A dire il vero, le galassie che fanno parte del gruppo compatto sono solamente quattro, riconoscibili per il colore bianco giallastro e per le morfologie asimmetriche e perturbate, di cui quella centrale è in realtà una coppia di galassie che si stanno fondendo. La grande galassia a spirale in basso a sinistra non fa parte del gruppo ed entra in quest'immagine solo per effetto prospettico. È infatti un oggetto molto vicino (circa 30 milioni di anni luce), mentre il gruppo dista circa 280 milioni di anni luce. Le piccole regioni compatte di forma irregolare e di colore blu situate lungo le code di marea sono probabilmente galassie nane di marea in formazione.

ne, essendo in grado di catturare nuova materia. Le loro regioni centrali sono invece dinamicamente stabili, ospitando per lo più galassie molto evolute (ellittiche). La buca di potenziale è così profonda che può accelerare le galassie a velocità di migliaia di km/s. La dispersione di velocità negli ammassi ricchi (che misura la velocità media delle galassie all'interno degli ammassi) è di circa 1000 km/s.

L'ammasso del Perseo, mostrato in Figura 5.11, situato a circa 230 milioni di anni luce di distanza, è un ammasso di galassie relativamente vicino. Nella fotografia è facile riconoscervi almeno una cinquantina di galassie, distribuite in modo disomogeneo. Negli ammassi più ricchi, come è quello del Perseo, al centro troneggia una galassia che è detta centrale dominante, in sigla cD. In questo caso, la cD è la galassia NGC 1275, la più luminosa al centro del campo inquadrato.

Abbiamo già detto che gli ammassi sono in continua evoluzione, perché stanno tuttora catturando galassie di passaggio. I più lontani ammassi finora osservati distano da noi circa 10 miliardi di anni luce, il che significa che si formarono in un remoto passato. Si pensa tuttavia che siano più giovani delle galassie che li compongono: galassie isolate, attratte dalla buca di potenziale creata da concentrazioni di materia oscura, si avvicinarono tra loro per costituire gli ammassi. Un esempio di ammasso relativamente lontano è A1689, qui (Figura 5.12) osservato dal Telescopio Spaziale "Hubble": è situato a 2,9 miliardi di anni luce di distanza.

Il campo gravitazionale che scaturisce dalla massa di un ammasso di galassie è così intenso da perturbare la geometria altrimenti piana dello spazio circostante. Ne scaturiscono fenomeni altamente spettacolari, come le *lenti gravitazionali*: la Figura 5.13, relativa all'ammasso A2218, ne è un chiaro esempio. Il potenziale dell'ammasso è capace di modificare la geometria dello spazio circostante, e di curvare la traiettoria della luce: si comporta quindi come una lente capace di modificare il percorso della luce (l'oggetto appare come un lungo filamento a forma di banana, o di un arco, da cui il nome) ed eventualmente di amplificare il segnale emesso da una sorgente di fondo. Inoltre, la

▶ **Figura 5.11** L'ammasso del Perseo è situato a una distanza di circa 230 milioni di anni luce (SDSS). Gli oggetti estesi di colore giallo sono le galassie che compongono l'ammasso. Generalmente sono galassie ellittiche, ma vi sono presenti anche alcune spirali. I punti bianchi e gli oggetti blu o rossi sono stelle della nostra Galassia. La galassia più luminosa al centro (NGC 1275) è una cD e anche una radiogalassia (Perseus A), esattamente come M87 nella Vergine.

luce della sorgente di fondo può essere fortemente amplificata e, grazie a ciò, gli astronomi sono stati in grado di studiare galassie lontane che sarebbero risultate troppo deboli anche per i telescopi più moderni.

Gli ammassi di galassie sono caratterizzati da una forte emissione nei raggi X, dovuta al frenamento degli elettroni nel plasma caldo che riempie il loro intero volume. Le immagini X dell'ammasso della Vergine (Figura 6.15) e della Chioma di Berenice (Figura 6.17) ne sono un classico esempio. Quale sia l'origine di questo gas non è ancora del tutto chiaro: è tuttavia probabile che sia stato espulso nello spazio intergalattico dai venti stellari più violenti, dovuti alle esplosioni di supernovae che avvengono nella fase più attiva della formazione delle ellittiche di ammasso. Altri astronomi propongono che almeno una parte di questo gas sia stato rimosso dalle galassie spirali nel corso delle interazioni a cui sono andate soggette da quando sono entrate a far parte degli ammassi.

5.6. I superammassi di galassie

Gli ammassi di galassie fanno parte di strutture ancora più grandi, chiamate *superammassi di galassie*. Come vedremo più in dettaglio nel capitolo successivo, gli ammassi di galassie si trovano nei punti d'intersezione dei filamenti di galassie che costituiscono le più grandi strutture cosmiche. Questi filamenti sembrano essere superfici bidimensionali, come un lenzuolo visto di taglio. I superammassi di galassie sono composti dagli ammassi e dalle strutture elongate che li connettono. I filamenti contornano e delimitano le regioni meno dense dell'Universo, chiamate *vuoti cosmici*, dove la densità è circa cinque volte più bassa di quella media dell'Universo. Su grande scala, la distribuzione delle galassie conferisce all'Universo una struttura simile a quella di una spugna, con zone totalmente prive di galassie (vuoti cosmici) accanto ad altre regioni molto dense (ammassi), collegate fra di esse da strutture fini ed elongate di densità intermedia (superammassi).

I filamenti hanno dimensioni comprese tra qualche decina e un centinaio di Mpc e hanno densità relativamente elevate, circa cinque volte maggiori di quella media dell'Universo. Sono tuttavia valori ancora bassi se li si paragona con la densità che si misura nel centro degli ammassi o dei gruppi compatti. In questo senso, le galassie di superammasso possono essere considerate sostanzialmente oggetti isolati.

▲ **Figura 5.12** L'ammasso di galassie A1689 (HST), situato a circa 900 Mpc, è considerato un ammasso lontano. Da notare gli archetti sottili creati dal fenomeno delle lenti gravitazionali: si tratta delle immagini distorte di galassie retrostanti, molto più lontane.

Quello della Chioma di Berenice/A1367, mostrato nelle Figure 6.18 e 6.19 del prossimo capitolo, è un tipico superammasso di galassie nell'Universo locale. Altri esempi sono il superammasso Perseo/Pesci, che collega l'ammasso del Perseo (Figura 5.11) con quello dei Pesci, il superammasso di Ercole, quello di Shapley e il Superammasso Locale, di cui fa parte l'ammasso della Vergine.

5.7. Gli effetti dell'ambiente sull'evoluzione delle galassie

Il metodo più semplice e diretto per capire quale sia il ruolo dell'ambiente sull'evoluzione delle galassie consiste nel confrontare le proprietà statistiche di campioni selezionati per includere galassie appartenenti a diversi ambienti. Ad esempio, paragonando le proprietà morfologiche delle galassie di ammasso e di quelle isolate, gli astronomi si sono accorti che gli ammassi di galassie, soprattutto nelle loro parti centrali, sono ricchi particolarmente di galassie ellittiche e lenticolari; al contrario, le galassie di campo sono principalmente spirali (circa il 70%). Sono dette galassie di campo quelle presenti in regioni poco dense, come i vuoti cosmici e le strutture filamentose dei superammassi.

Questo fenomeno, noto come *segregazione morfologica*, è la prova più chiara che l'ambiente ha avuto un ruolo importante nell'evoluzione delle galassie: le regioni di più alta densità evidentemente favoriscono la formazione di galassie ellittiche e lenticolari, mentre quelle meno dense ospitano sistemi che ruotano ordinatamente, come le galassie a spirale.

Le osservazioni ci dicono che le interazioni con l'ambiente, come quelle che sono all'origine della segregazione morfologica, sono ancora attive anche nell'Universo attuale. Per esempio, osservazioni nelle onde radio dimostrano che le galassie a spirale presenti negli ammassi hanno, in media, un contenuto di gas atomico minore delle galassie isolate. Nella Figura 5.15 la mappa radio dell'ammasso della Vergine nella riga dell'idrogeno atomico a 21 cm mostra chiaramente che il gas atomico delle spirali è presente unicamente nelle regioni più interne del disco negli oggetti che sono vicini al centro dell'ammasso, mentre si distribuisce più estesamente negli oggetti che stanno alla periferia dell'ammasso. La carenza di gas è causa di una ridotta attività di formazione stella-

▲ **Figura 5.13** Lenti gravitazionali create dall'ammasso di galassie A2218 (HST). A fare da lente è l'insieme delle galassie dell'ammasso in primo piano, mentre i filamenti di forma semicircolare sono immagini di galassie di fondo, assai più lontane, deformate e amplificate dalla curvatura dello spazio nei dintorni dell'ammasso.

re. Le spirali d'ammasso sono meno attive di quelle isolate: per questa ragione sono chiamate "galassie anemiche".

Se l'ambiente può sensibilmente incidere sull'evoluzione delle galassie, quali sono i processi fisici coinvolti?

Come abbiamo visto in precedenza, le galassie appartenenti a sistemi binari o a gruppi compatti sono fortemente perturbate dalle vicine compagne. In questi sistemi, l'effetto delle interazioni gravitazionali è soprattutto quello di provocare una caduta del gas del disco verso il centro, spesso passando attraverso la formazione di una barra, che può diventare un canale preferenziale per convogliare il gas verso il nucleo. La turbolenza indotta dalle collisioni delle nubi molecolari può così innescare la formazione stellare al centro della galassia, eventualmente dando vita a un buco nero. Nelle parti più esterne, le interazioni gravitazionali possono invece creare code di marea, costituite da gas e stelle.

Le interazioni a cui vanno soggette le galassie d'ammasso sono invece assai diverse. Negli ammassi, le interazioni gravitazionali come quelle appena descritte sono generalmente molto meno importanti per il fatto che le galassie si muovono ad altissima velocità, dell'ordine di 1000 km/s: nonostante l'elevata densità di oggetti al centro degli ammassi possa rendere gli incontri stretti assai frequenti, la durata della fase d'interazione è sempre piuttosto corta e quasi mai sufficiente per indurre effetti vistosi. Si stima che le interazioni gravitazionali possano incidere sull'evoluzione delle galassie d'ammasso solo se gli incontri sono numerosi e ripetuti. Le scale temporali richieste sono perciò abbastanza lunghe (almeno qualche miliardo di anni).

Le galassie possono però interagire con il mezzo intergalattico che permea gli ammassi, ossia con il plasma caldo responsabile dell'emissione nei raggi X. Almeno per ciò che riguarda l'epoca presente, le interazioni tra le galassie e il mezzo intergalattico sembrerebbero essere più efficaci delle interazioni gravitazionali reciproche tra due sistemi.

I processi fisici responsabili della rimozione del gas atomico delle galassie a spirale degli ammassi sono due. In primo luogo, l'idrogeno atomico del disco, che di norma ha una temperatura di solo qualche decina di Kelvin, quando entra in contatto con il gas intergalattico, caratterizzato da una temperatura di qualche milione di gradi, può scaldarsi, aumentare la velocità media delle sue molecole e abbandonare definitivamente la galassia nella quale si trova. Questo processo di evaporazione termica è particolarmen-

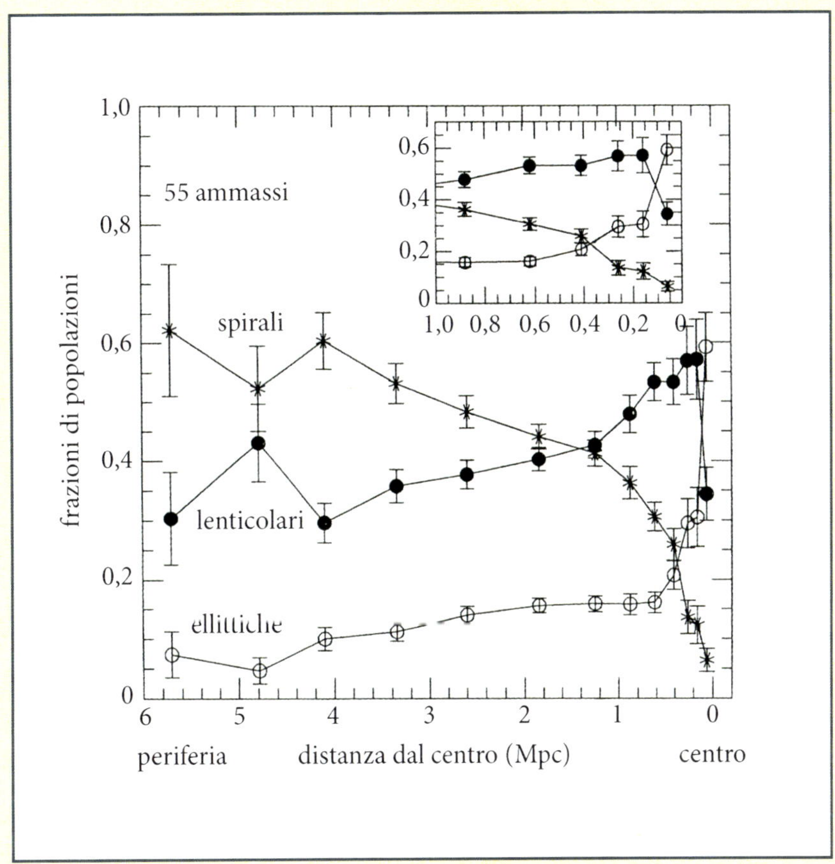

▲ **Figura 5.14** Andamento della frazione dei diversi tipi morfologici di galassie (ellittiche, lenticolari, spirali) in funzione della distanza dal centro dell'ammasso. La periferia è dominata dalle galassie a spirale (60%), con una piccola frazione di lenticolari (30%) e di ellittiche (10%), valori assai simili a quelli del campo. Avvicinandosi al centro degli ammassi, la frazione delle ellittiche diventa dominante (60%), quella delle lenticolari aumenta fino a circa il 40%, mentre quella delle spirali decresce fin quasi a sparire.

te efficace nelle situazioni in cui la temperatura è molto elevata, come avviene negli ammassi più ricchi.

Un secondo processo è quello che prende il nome di pressione dinamica. Proprio come l'impatto dell'aria sui lunghi capelli di una ragazza che sfreccia veloce in moto è capace di sollevarli e di spingerli all'indietro, così l'impatto del gas caldo e denso dell'ammasso sulle galassie che si muovono in esso ad alta velocità può esercitare una pressione sul loro mezzo interstellare fino a sospingerlo fuori dal disco. Nella zona di contatto tra il gas freddo della galassia e il plasma dell'ammasso si possono creare turbolenze indotte dalla frizione dinamica tra i due mezzi che hanno buon gioco nell'opera di spoliazione del gas, tanto più se si considera che il disco d'idrogeno è molto più esteso del disco stellare e quindi, nelle regioni più esterne, il gas è meno legato gravitazionalmente.

Nel corso di questa interazione, la galassia può assumere una forma cometaria, esibendo lunghe code di gas di debole densità che si perdono nello spazio in direzione opposta a quella del moto della galassia. Questo fenomeno è probabilmente all'origine dell'asimmetria nella morfologia radio delle galassie d'ammasso come NGC 1265 (Figura 5.16) e può facilmente spiegare la carenza d'idrogeno atomico che si osserva nei sistemi degli ammassi vicini.

Questa stessa pressione può facilitare il collasso delle nubi molecolari, inducendo quindi localmente, e per un tempo relativamente corto, una debole attività di formazione stellare, come si osserva nella galassia CGCG 97-037 (Figura 5.17), considerata un prototipo dei sistemi in interazione dinamica con il plasma dell'ammasso. Questa galassia a spirale sta muovendosi alla velocità di circa 1000 km/s dentro l'ammasso A1367 e, trovandosi nelle regioni periferiche dell'ammasso, è entrata in contatto da poco con il mezzo intergalattico. Non a caso, nella parte avanzante della galassia, quella che punta verso il centro dell'ammasso, si osservano regioni HII di formazione stellare, mentre nella parte opposta si evidenziano lunghe code radio, che conferiscono alla galassia il tipico aspetto cometario.

Sul lungo periodo, la spoliazione del gas causa la progressiva riduzione dell'attività di formazione stellare che si osserva nelle galassie a spirale d'ammasso. Probabilmente, ciò induce la trasformazione delle spirali in lenticolari; a questo riguardo, si deve però rilevare che risultati recenti sembrano indicare che le galassie lenticolari degli ammassi siano piuttosto frutto delle ripetute interazioni gravitazionali con altri sistemi dell'am-

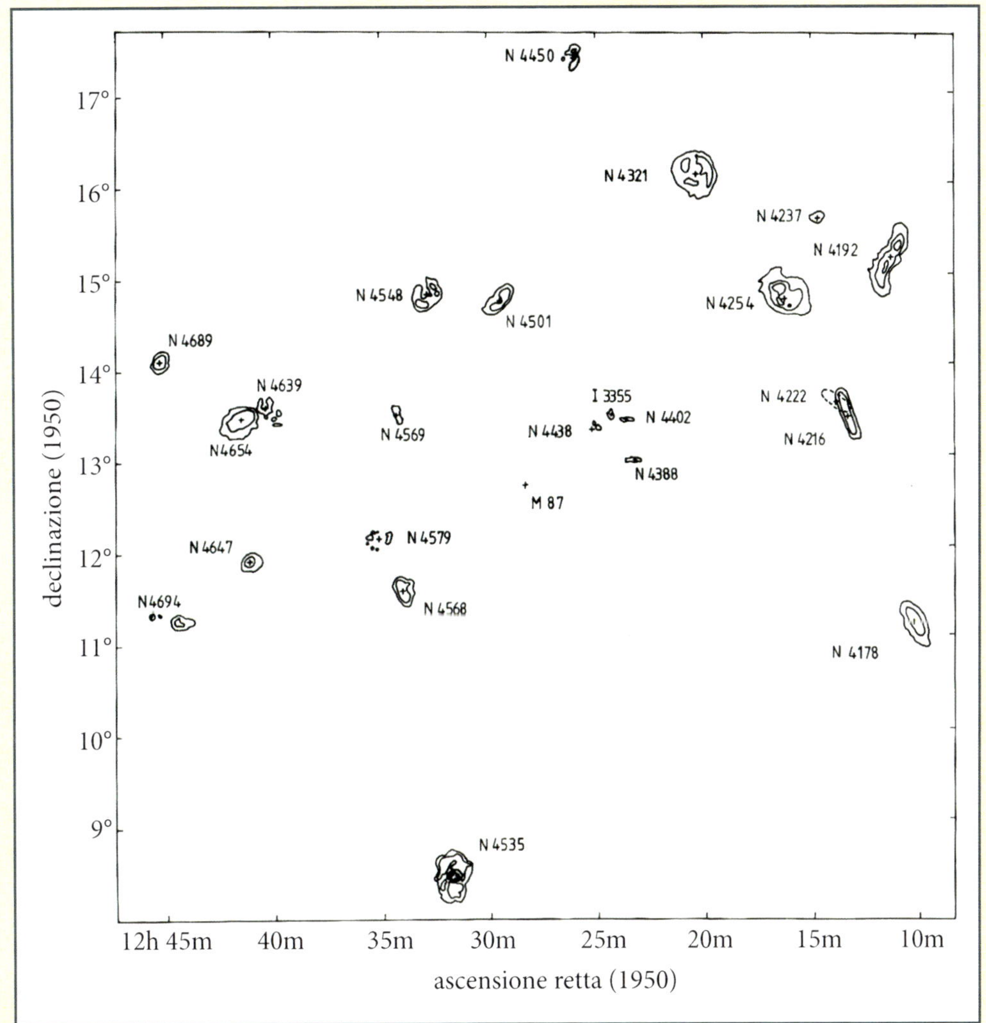

▲ **Figura 5.15** Mappa radio nella riga dell'idrogeno neutro dell'ammasso della Vergine ottenuta con il radiotelescopio VLA. L'estensione del disco di idrogeno delle galassie alla periferia dell'ammasso (come NGC 4321, NGC 4254 o NGC 4535) è nettamente maggiore di quella delle galassie nei pressi del centro (come NGC 4388, NGC 4569 o NGC 4579); il centro è indicato dalla posizione della galassia ellittica dominante M87.

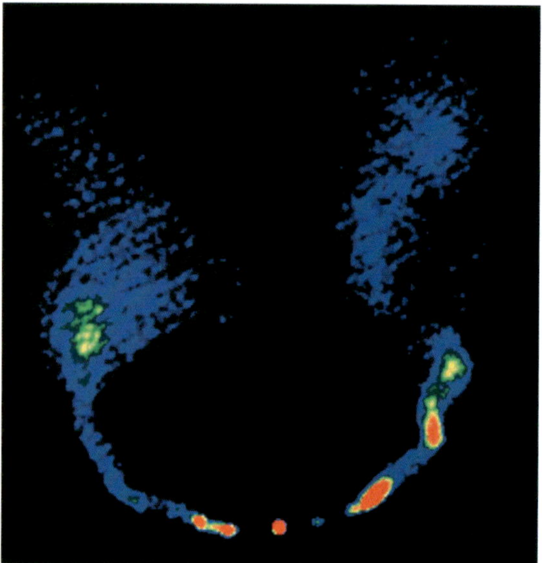

masso. Le galassie ellittiche dominanti nel centro degli ammassi, invece, possono essersi formate in epoche molto remote (più di 10 miliardi di anni fa) o in seguito alla fusione di due o più galassie, o per il collasso del gas primordiale.

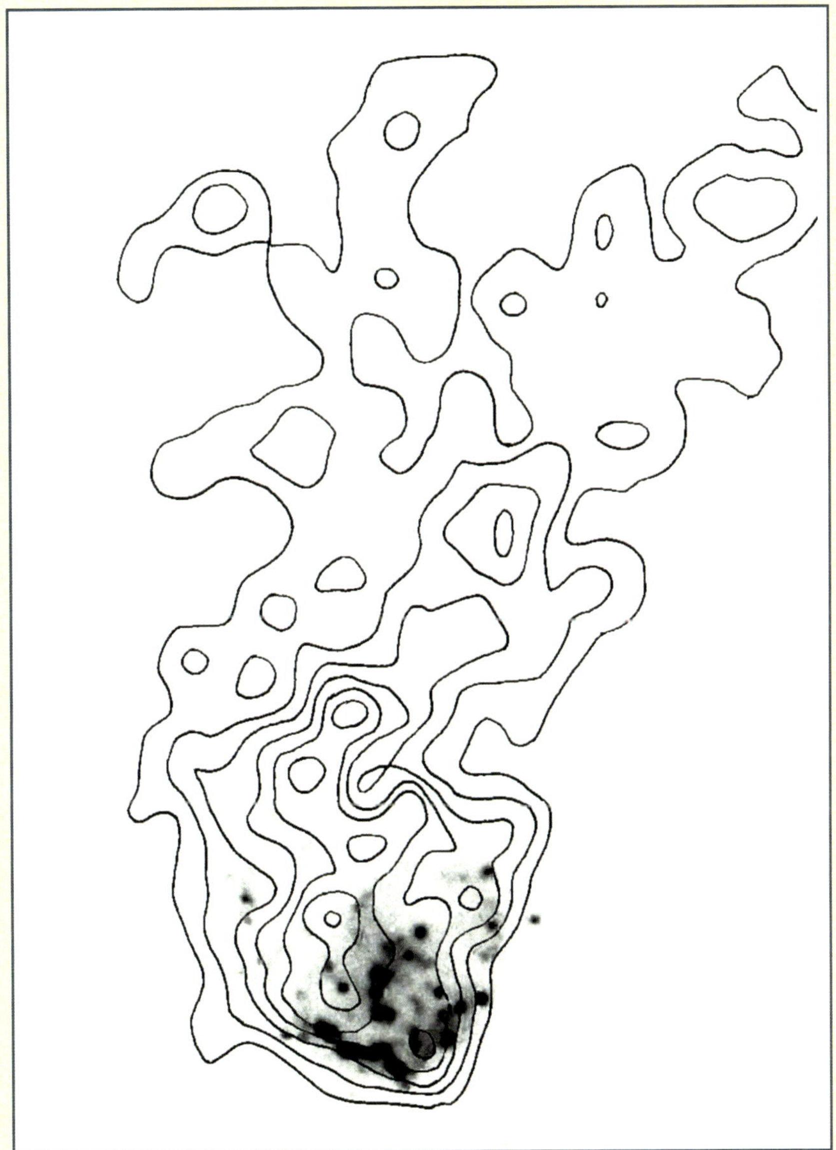

▲ **Figura 5.17** Immagine radio a 20 cm (VLA), sovrapposta all'immagine ottica nella riga Hα (WHT), della galassia a spirale CGCG 97-073 che si trova alla periferia nord-ovest dell'ammasso A1367. La galassia si muove verso il centro dell'ammasso, situato a sud-est (in basso a sinistra), alla velocità di circa 1000 km/s. Le sorgenti scure nell'immagine ottica della galassia sono regioni HII di formazione stellare. Nella parte opposta alla direzione del moto, l'immagine radio evidenzia lunghe code radio formate dalla materia rimossa dal disco galattico. Nel caso di CGCG 97-037 questa materia è stata sospinta via fino a più di 150 mila anni luce dal centro della galassia.

6. La distribuzione delle galassie nell'Universo

Come abbiamo visto nel capitolo precedente, le galassie si trovano sparse nell'Universo in modo disomogeneo. In questo capitolo descriveremo come si distribuiscono in tutto il Cosmo, partendo dalla Via Lattea e dai suoi dintorni per arrivare alle galassie più lontane che siano mai state osservate. Inizialmente, incontreremo il Gruppo Locale, al quale appartiene la nostra Galassia, poi l'ammasso della Vergine, che è il più vicino a noi, e il superammasso della Chioma di Berenice, di cui fa parte uno degli ammassi più ricchi di tutto l'Universo.

◄ **Figura 6.1** Un'immagine profonda del Telescopio Spaziale "Hubble", equivalente a un'unica posa della durata di dieci giorni. Vi si scorgono migliaia di galassie, soprattutto spirali e irregolari.

6.1. **La Via Lattea**

Tutte le stelle che possiamo ammirare in cielo a occhio nudo fanno parte di una grande galassia a spirale chiamata Via Lattea. È il sistema a cui appartiene anche il nostro Sole. L'immagine che percepiamo non è tuttavia quella di una tipica galassia a spirale: per esempio, non possiamo ammirare lo sviluppo dei suoi bracci perché la vediamo sempre di taglio, stante il fatto che il Sistema Solare giace al suo interno (paragrafo 1.1 e Figure 1.5, 1.6 e 2.8). Ciononostante, gli astronomi sono riusciti a misurarne approssimativamente le dimensioni: il diametro del disco stellare della Galassia è di poco più di 100 mila anni luce, mentre il suo spessore è grosso modo di 1000 anni luce. Il Sole e la Terra sono situati a circa 26 mila anni luce dal centro della Galassia.

A causa della sua posizione all'interno del disco galattico, un osservatore sulla Terra può osservare agevolmente le sorgenti esterne alla Via Lattea solo se guarda in direzioni lontane dal piano galattico, verso le regioni di alta latitudine galattica. Quando invece si punta il telescopio verso il piano del disco, lo sguardo incontra le zone più dense e opache della nostra Galassia, dove l'estinzione della luce è importante: è quindi impossibile esplorare in ottico lo spazio esterno alla Via Lattea quando si guarda nella direzione del piano galattico. Le vaste distese di gas, polveri e stelle ci nascondono tutto quanto sta al di là della nostra Galassia.

La polvere disseminata lungo il piano galattico si comporta come uno schermo opaco alla radiazione visibile o ultravioletta delle galassie poste in questa direzione, che risultano semmai osservabili solo in quelle bande spettrali in cui l'estinzione è scarsa o nulla (radio centimetrico, vicino infrarosso…). La distribuzione delle galassie in queste parti del cielo è quindi molto meno nota che nel resto della volta celeste.

La Via Lattea non è un oggetto isolato nello spazio: una decina di galassie nane relativamente vicine sono gravitazionalmente legate ad essa, la gran parte essendo stata scoperta solo negli ultimi decenni. Sono piccole galassie satelliti. Come la Luna ruota intorno alla Terra, così queste galassie percorrono le loro orbite attorno al centro della Via

◄ **Figure 6.2 e 6.3** La Piccola (SMC, sopra) e la Grande (LMC, sotto) Nube di Magellano sono galassie satelliti della Via Lattea (NOAO). Come tutte le nane irregolari, i due oggetti si caratterizzano per una popolazione di stelle giovani. Le aree di colore rossastro relativamente compatte sono regioni di formazione stellare. la più brillante regione HII della LMC (a sinistra nell'immagine) è 30 Doradus, o Nebulosa Tarantola. La si vede ingrandita in Figura 6.6.

▲ ▶ **Figure 6.4 e 6.5** Distribuzione delle regioni di formazione stellare nella Piccola e Grande Nube di Magellano (NOAO). Le zone di colore rosa/arancione sono regioni di formazione stellare messe in evidenza in quest'immagine (in falsi colori) dalla forte emissione in righe (Hα, Hβ, [OII], [OIII], [NII], [SII]...). Si può riconoscere una struttura a barra al centro della Grande Nube: è la zona di debole brillanza superficiale di colore verde/blu.

Lattea. Le più note sono le due Nubi di Magellano, galassie irregolari di debole brillanza superficiale che possono essere facilmente osservate anche a occhio nudo dall'emisfero meridionale del nostro pianeta (Figure 6.2 e 6.3).

Queste due galassie sono molto vicine alla Via Lattea: la Grande Nube dista solo 160 mila anni luce, mentre la Piccola Nube si trova a circa 220 mila anni luce, grosso modo

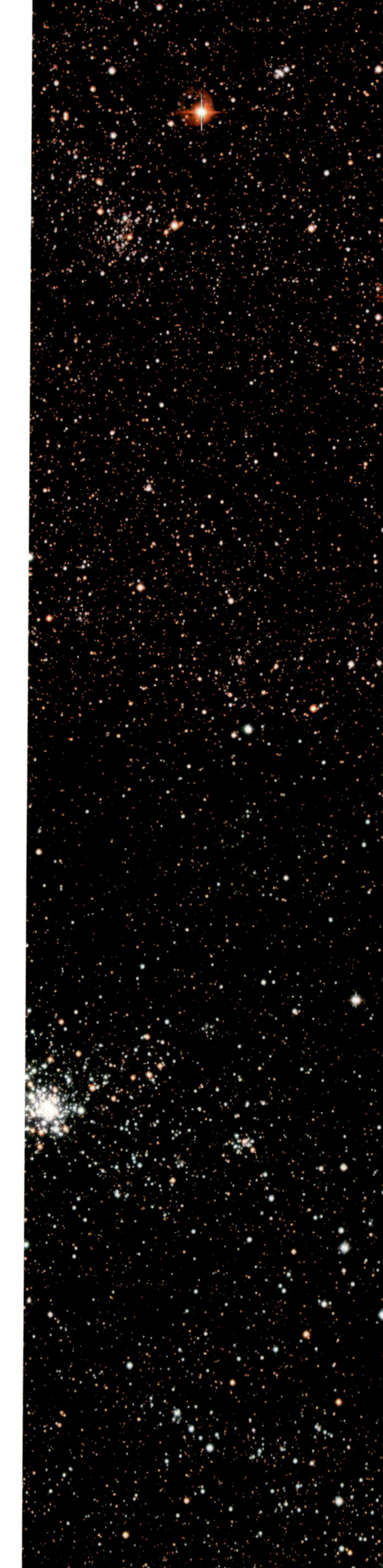

▶ **Figura 6.6** La Nebulosa Tarantola è la regione di formazione stellare più importante della Grande Nube di Magellano (ESO).

a una volta e mezza e al doppio del diametro della nostra Galassia. Come tutte le galassie nane irregolari, questi due sistemi sono costituiti da una popolazione stellare relativamente giovane. Le Figure 6.4 e 6.5 sono immagini in falsi colori che evidenziano la distribuzione delle numerose regioni di formazione stellare nella Piccola e nella Grande Nube di Magellano, riconoscibili per la colorazione rosa/arancio. La più brillante tra queste, denominata 30 Doradus, o anche Nebulosa Tarantola, si trova nella Grande Nube di Magellano ed è mostrata in dettaglio nella Figura 6.6.

Data la notevole vicinanza alla nostra Galassia, le due Nubi di Magellano risentono delle intense forze mareali che questa esercita e ne sono perturbate. Le loro immagini ottiche non lo danno a vedere, ma la mappa radio nella riga a 21 cm dell'idrogeno neutro evidenzia l'esistenza di una sorta di coda mareale che le connette e che prosegue, perdendosi nello spazio (Figura 6.7).

Il filamento gassoso prende il nome di *Magellanic Stream* (Corrente di Magellano), per indicare che l'idrogeno atomico viene rimosso da queste due galassie, attirato e infine catturato dalla Via Lattea (Figura 6.8).

La nostra Galassia è circondata da diverse altre satelliti, spesso di piccole dimensioni e di bassa densità (le stelle sono così disperse da rendere problematica la loro identificazione). Tra queste, le galassie Phoenix, Carina, Sextans, Leo I, Leo II, Draco e Ursa Minor. Sono tutte nane sferoidali, e hanno una brillanza superficiale estremamente bassa. Le loro popolazioni stellari sono perlopiù vecchie: sono sistemi assai simili alle nane ellittiche, ma con masse ancora più piccole e brillanze superficiali più deboli.

6.2. Il Gruppo Locale

La Via Lattea e i suoi satelliti appartengono a un gruppo che prende il nome di Gruppo Locale. Ne fanno parte due grandi spirali, la Via Lattea e M31 (la galassia di Andromeda, Figura 2.11), un'altra spirale di taglia intermedia, M33 (Figura 3.2), i rispettivi satelliti e una ventina di altre galassie nane. Come la Via Lattea, anche M31 ha numerosi sistemi satelliti, di cui i più brillanti sono le ellittiche nane M32 e NGC 205 (entrambe visibili nella Figura 2.11).
La distribuzione tridimensionale delle galassie nel Gruppo Locale è mostrata in Figura 6.9. Si possono facilmente riconoscere i sottosistemi della Via Lattea, al centro con i suoi

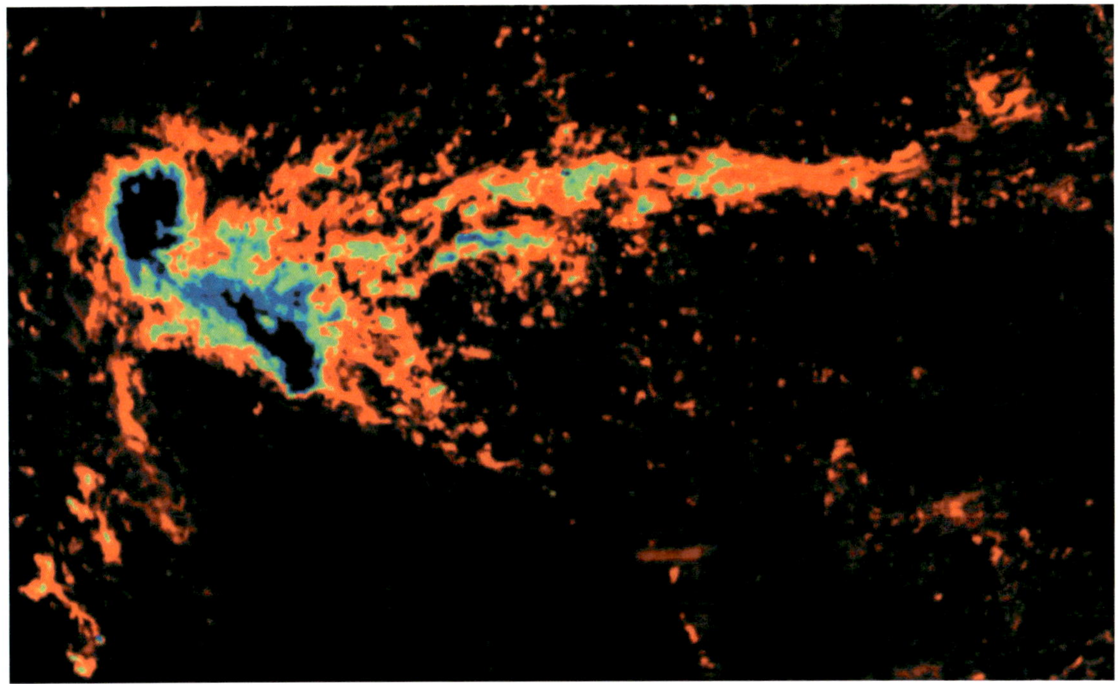

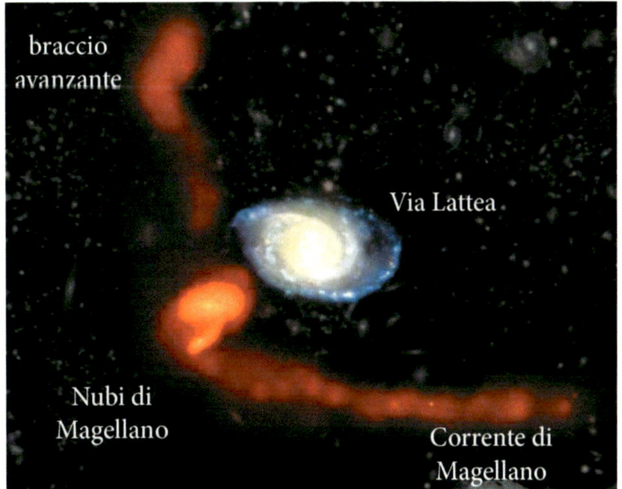

▲ **Figura 6.7** Mappa radio nella riga a 21 cm delle Nubi di Magellano, realizzata con il radiotelescopio dell'ATNF. Si evidenziano due condensazioni di idrogeno atomico, associate alle due galassie, e una lunga coda diffusa che prende il nome di Magellanic Stream: è l'idrogeno strappato alle Nubi di Magellano dall'interazione mareale con la Via Lattea.

▲ **Figura 6.8** Simulazione al calcolatore del sistema composto dalla Via Lattea e dalle Nubi di Magellano. L'interazione gravitazionale tra la nostra Galassia e le due Nubi determina la formazione di una lunga coda mareale (la Corrente di Magellano) simile a quella che si osserva anche tra M81 e M82 (Figura 5.1).

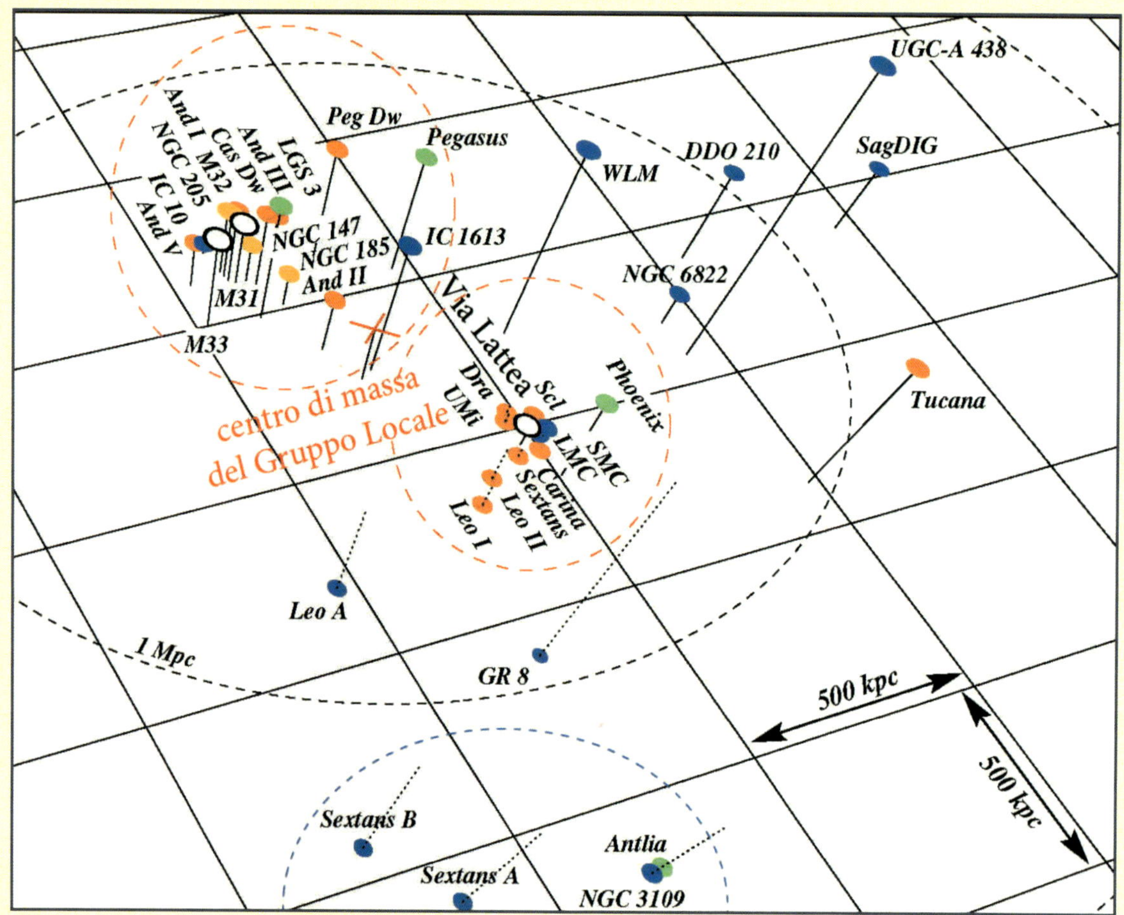

▲ **Figura 6.9** Distribuzione tridimensionale delle galassie nel Gruppo Locale. La Via Lattea è al centro dell'immagine con i suoi satelliti, tra i quali la Piccola (SMC) e la Grande (LMC) Nube di Magellano. Il gruppo di M31 è in alto a sinistra: ne fa parte anche la spirale di taglia intermedia M33. Il centro di massa del Gruppo Locale è indicato da una croce. I sottosistemi di M31 e della Via Lattea sono delimitati da cerchi tratteggiati; la parte più importante del Gruppo Locale è contornata da un cerchio tratteggiato che marca 1 Mpc di distanza dal centro di massa; un ultimo cerchio tratteggiato segnala il gruppo satellite che contiene Antlia, Sextans A e B e NGC 3109. Il colore delle galassie indica il loro tipo morfologico: arancione per le nane sferoidali, giallo per le ellittiche nane, verde per gli oggetti di tipo intermedio tra nane sferoidali e nane irregolari, blu per le nane irregolari e le ellissi bianche per le spirali. La griglia è complanare con il disco della Via Lattea e ciascun lato misura circa 1,6 milioni di anni luce. Le galassie poste sopra il piano sono indicate con una linea continua (la cui lunghezza corrisponde alla distanza dal piano), quelle sotto il piano da una riga punteggiata.

▲ **Figura 6.10** Leo A è una galassia irregolare appartenente al Gruppo Locale (Subaru).

satelliti, e di M31 (in alto a sinistra), che comprende anche M33; c'è poi un certo numero di piccole galassie isolate. La distanza tra le due galassie maggiori del Gruppo Locale, M31 e la Via Lattea, è di circa 2 milioni di anni luce, mentre il gruppo nel suo complesso si estende per 4-5 milioni di anni luce.

Le Figure 6.10 e 6.11 riprendono altre due galassie nane irregolari del Gruppo Locale, Leo A e Sextans A. La prima ha un diametro di soli 10 mila anni luce e dista da noi 2,5 milioni di anni luce; la seconda è grande circa la metà, ha una curiosa forma rettangolare e si trova alla periferia del Gruppo Locale, a oltre 4 milioni di anni luce di distanza dalla Via Lattea.

▲ **Figura 6.11** Sextans A è una piccola galassia irregolare posta ai bordi del Gruppo Locale, a oltre 4 milioni di anni luce di distanza. Il suo diametro misura solo 5 mila anni luce (Subaru).

Le galassie nane del Gruppo Locale sono estremamente difficili da osservare; essendo vicine, hanno generalmente dimensioni angolari cospicue, ma hanno una bassissima brillanza superficiale. Sono oggetti poco compatti, che è arduo riconoscere come sistemi indipendenti ed esterni alla Via Lattea: le loro stelle risultano quasi indistinguibili da quelle galattiche. Le galassie nane del Gruppo Locale, con M31 e M33, sono attualmente le uniche galassie per le quali si possono studiare in dettaglio le popolazioni stellari con telescopi al suolo o nello spazio.

6.3. **L'ammasso della Vergine**

La nostra Galassia e tutto il Gruppo Locale si stanno muovendo verso una grande concentrazione di galassie vicine, l'ammasso della Vergine, situato a 55 milioni di anni luce di distanza. Quello della Vergine è, tra gli ammassi ricchi, il più vicino al Gruppo Locale. È composto da diverse migliaia di galassie (quelle catalogate sono più di duemila) di vario tipo morfologico. Come per tutti gli ammassi, al centro la popolazione dominante è quella delle ellittiche o lenticolari ma, essendo ancora in formazione, contiene anche un numero importante di spirali e irregolari.

Il nome deriva dalla sua posizione in cielo, nella costellazione della Vergine. Essendo relativamente vicino, le sue dimensioni angolari sono enormi (occupa un'area maggiore di 250 gradi quadrati) ed è possibile fotografarlo per intero solo con mosaici di foto prese con telescopi a grande campo. Le Figure 6.12, 6.13 e 6.14 si riferiscono a una sequenza d'immagini sempre più ingrandite dell'ammasso della Vergine. Si possono facilmente riconoscere diverse galassie a spirale ed ellittiche e anche un sistema in interazione (NGC 4438), già descritto nel capitolo precedente (Figura 5.2).

Data la sua massa enorme, l'ammasso della Vergine induce una forte attrazione gravitazionale nei suoi dintorni più prossimi: il Gruppo Locale sta cadendo nella sua buca di potenziale alla velocità di oltre 200 km/s.

Anche questo ammasso contiene, nello spazio fra una galassia e l'altra, abbondante gas caldo che emette fortemente nei raggi X (Figura 6.15). Interessante notare come l'immagine X dell'ammasso mostri una struttura assai irregolare, a forma di fagiolo, e non sferica come è quella degli ammassi più antichi, meglio assemblati, che hanno trovato da tempo un loro equilibrio; si veda, per confronto, l'immagine X dell'ammasso della Chioma di Berenice in Figura 6.17.

In effetti, l'ammasso della Vergine è ancora in fase di formazione: è composto da diversi sottosistemi (contenenti ciascuno diverse centinaia di galassie) che si stanno fondendo in uno per dare vita a un sistema dinamicamente stabile. Dallo studio della sua struttura tridimensionale e della sua cinematica si deduce che l'ammasso della Vergine ha una forma elongata nella direzione della nostra linea visuale e che i suoi sottosistemi stanno cadendo uno sull'altro a velocità maggiori di 1000 km/s.

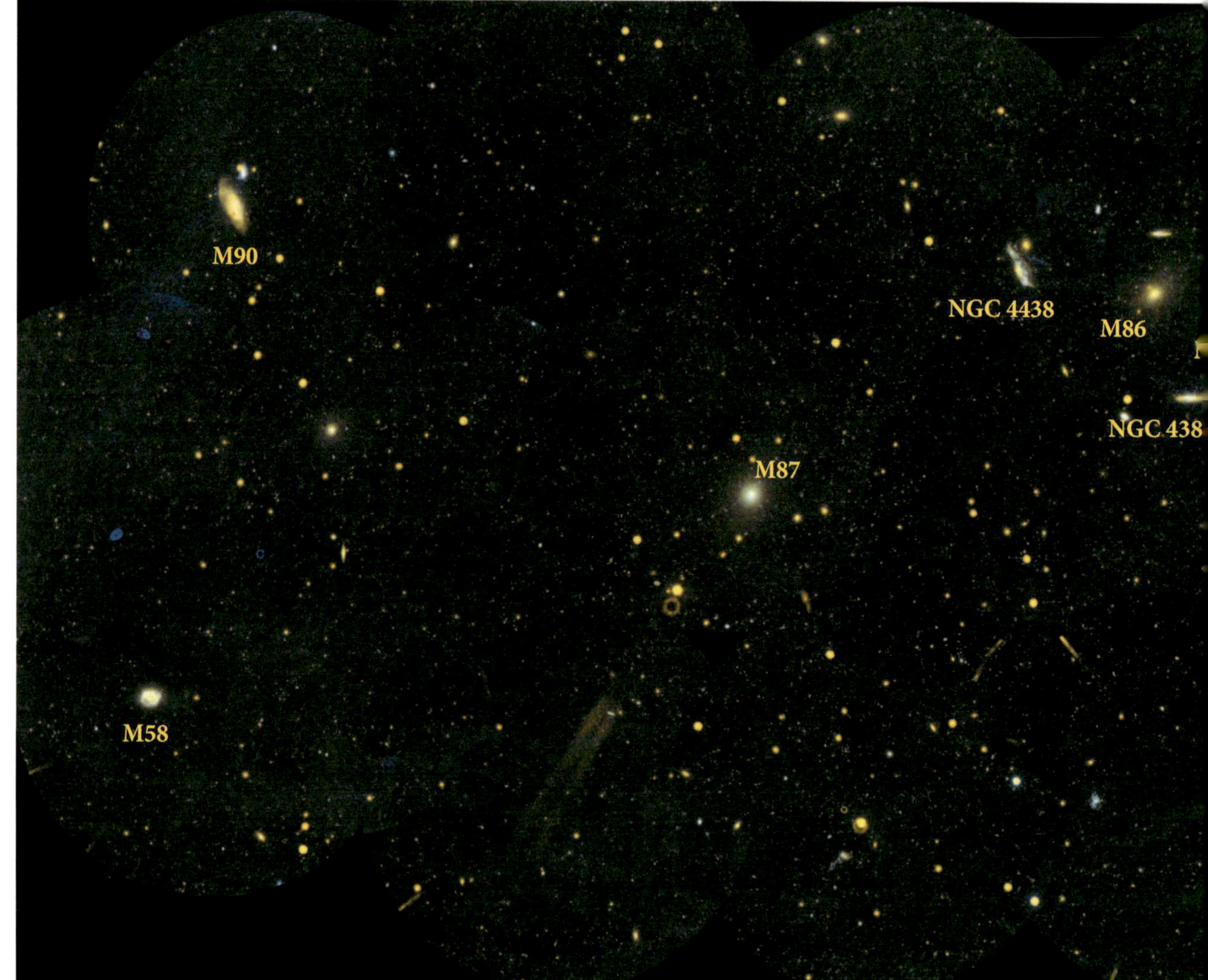

M90
NGC 4438
M86
NGC 438
M87
M58

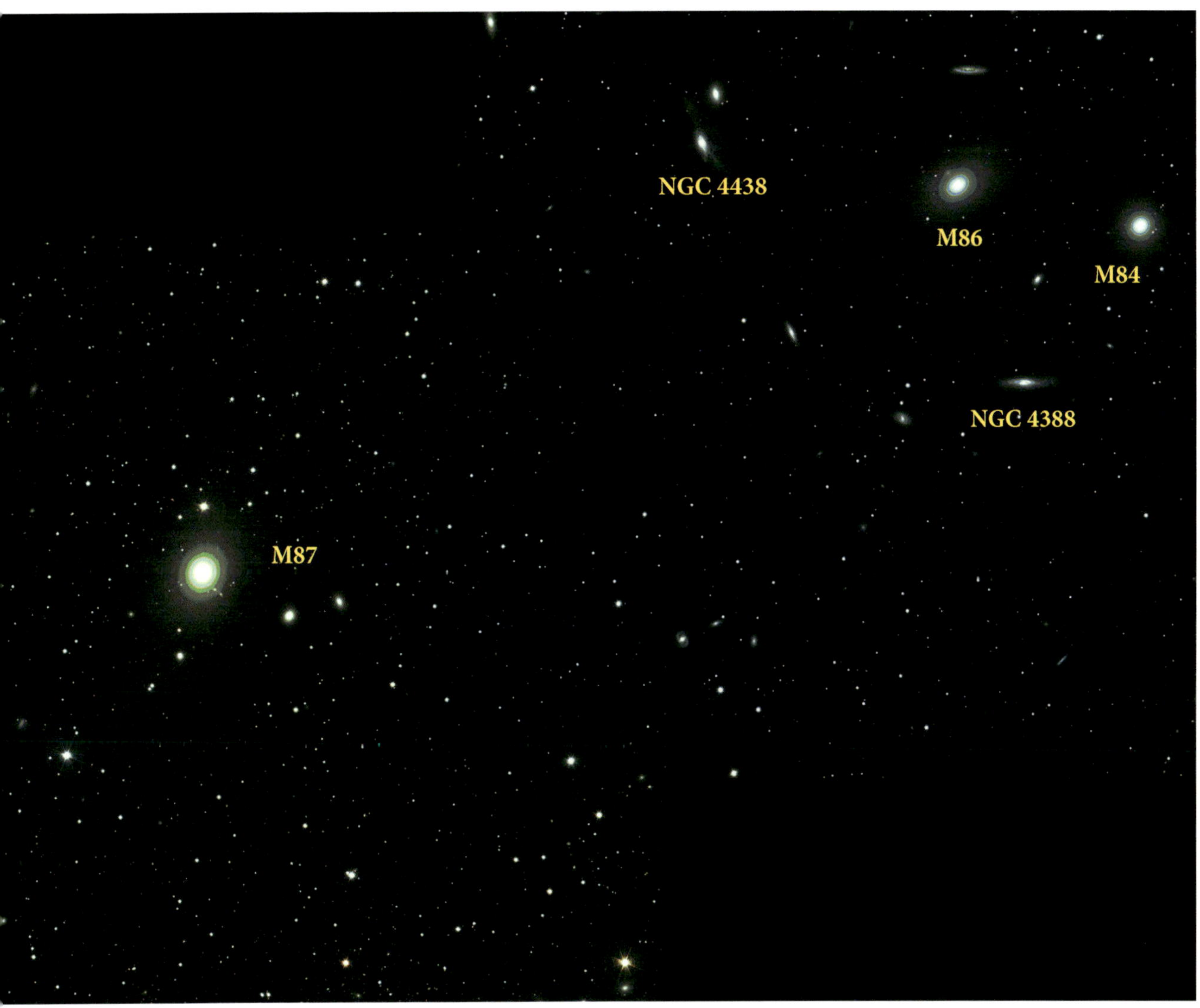

▲ **Figure 6.12, 6.13 e 6.14** In questa e nelle pagine seguenti, tre immagini relative all'ammasso della Vergine. La prima è stata presa in ultravioletto dal satellite GALEX e, combinando in un mosaico una dozzina di pose, mostra i 12 gradi quadrati centrali dell'ammasso (ma l'estensione totale è venti volte maggiore). L'oggetto più luminoso è M87 (Figura 1.8, 1.36 e 4.6), la galassia ellittica centrale dell'ammasso. Sul lato est si notano due brillanti spirali, NGC 4569 (M90) e NGC 4579 (M58). A ovest due ellittiche (M86 e M84), una spirale (NGC 4388) e una galassia in interazione (NGC 4438). Nella seconda, l'immagine ottica (NOAO) è un ingrandimento della regione occidentale. Infine, la terza, sempre in ottico, è un ulteriore ingrandimento della zona ove si trovano M86 (in alto a sinistra), M84 (in alto a destra) e, in basso, la bella spirale vista di taglio NGC 4388 (CFHT). Intorno a queste, si possono ammirare numerose galassie, tanto spirali quanto ellittiche. Non tutte appartengono all'ammasso: le più deboli e minute sono oggetti di fondo.

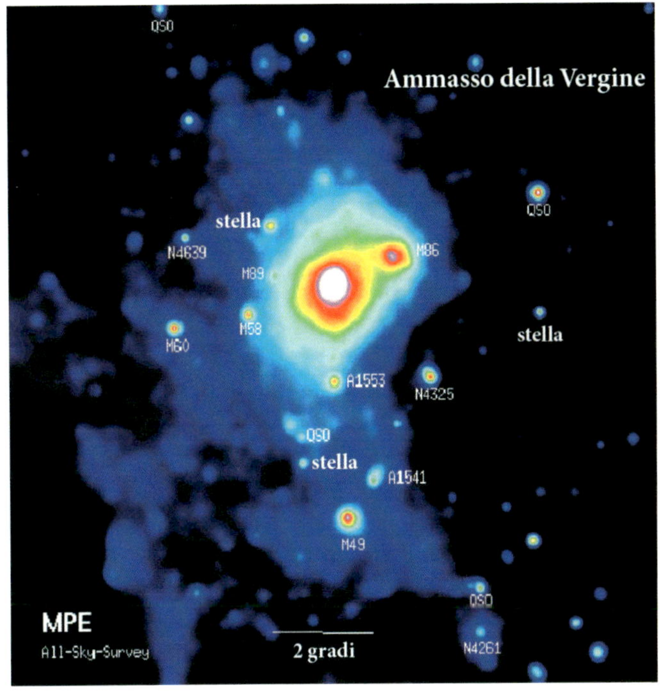

◀ **Figura 6.15** Immagine nei raggi X dell'ammasso della Vergine (ROSAT). L'emissione diffusa è dovuta al plasma caldo. Le sorgenti puntiformi sono galassie d'ammasso (M87, M86, M60, M58…), stelle della Via Lattea che si proiettano in quella regione celeste, o quasar lontani (QSO). Il trattino in basso fornisce la scala dell'immagine. L'emissione X diffusa interessa una zona molto estesa dell'ammasso.

6.4. **L'ammasso della Chioma**

L'ammasso della Chioma di Berenice, il più ricco di galassie tra gli ammassi vicini, è circa cinque volte più lontano di quello della Vergine: si trova infatti a 300 milioni di anni luce. In Figura 6.16 si riporta un'immagine ottica di questo ammasso, ottenuta con il telescopio Sloan (SDSS). Essendo così distante, pur avendo dimensioni lineari considerevoli, l'estensione apparente in cielo è di solo qualche grado quadrato. Questo ammasso contiene diverse migliaia di galassie e, come tutti gli ammassi ricchi, per la stragrande maggioranza queste sono ellittiche e lenticolari; le spirali sono un'infima minoranza: se ne possono contare in tutto solo una cinquantina.

L'immagine X dell'ammasso (Figura 6.17), ottenuta con il satellite XMM, rivela un'emissione diffusa estesa circa un grado quadrato. La distribuzione del plasma caldo responsabile dell'emissione X è abbastanza simmetrica, ciò che indica che l'ammasso ha trovato un suo equilibrio. Esiste tuttavia una regione di emissione nella parte sud-occidentale, associata alla galassia NGC 4839, che sembra non far parte del corpo centrale

▲ ▶ **Figura 6.16** Immagine ottica dei tre gradi quadrati centrali dell'ammasso della Chioma di Berenice (SDSS, sopra). L'immagine a destra mostra la parte centrale (20' × 20') dell'ammasso (CFHT), ove risiedono le due galassie cD (NGC 4874, a destra, e NGC 4889, a sinistra), di colore rossastro, caratterizzate da un alone molto esteso di bassa brillanza superficiale. Le altre galassie appartenenti all'ammasso, di colore rosso, sono principalmente ellittiche o lenticolari. La galassia brillante in basso a sinistra è NGC 4911, una delle rare spirali dell'ammasso. Le tre sorgenti azzurre e luminose sono stelle della nostra Galassia.

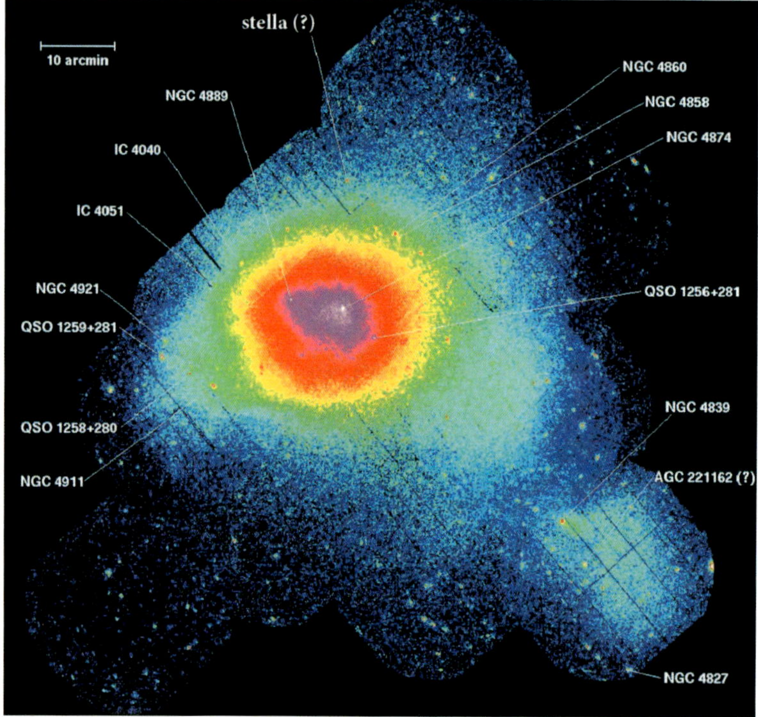

◀ **Figura 6.17** Immagine X dell'ammasso della Chioma di Berenice (XMM). Il colore indica l'intensità dell'emissione X (rosso-violetto per la più intensa, blu per la più debole). Le posizioni delle galassie NGC 4874, 4889 e 4911, già indicate nell'immagine ottica, possono essere utilizzate per comparare la scala spaziale dell'emissione X con la distribuzione delle galassie. La struttura in basso a destra, associata a NGC 4839, sta cadendo verso il centro dell'ammasso.

dell'ammasso. L'analisi delle proprietà cinematiche mostra tuttavia che questa struttura sta cadendo verso il centro: sembrerebbe dunque che anche questo ammasso, abitualmente considerato un caso tipico di sistema evoluto e stabile, stia ancora assorbendo materia dall'ambiente circostante.

Anche gli ammassi come quello della Chioma della Berenice sono quindi sistemi in evoluzione, in perenne crescita. Solo la parte centrale dell'ammasso è dinamicamente stabile, con una dispersione di velocità delle galassie dell'ordine di 1000 km/s. È possibile dedurre la massa dinamica dell'ammasso, che è di 10^{15} masse solari: anche qui la componente di materia oscura è ben superiore al totale della massa delle galassie che costituiscono l'ammasso.

6.5. La "Grande Muraglia"

L'ammasso della Chioma di Berenice fa parte di una struttura più grande che prende il nome di superammasso Chioma/A1367, che include anche A1367, tipico ammasso ricco di galassie a spirale in una fase relativamente precoce del suo percorso evolutivo.

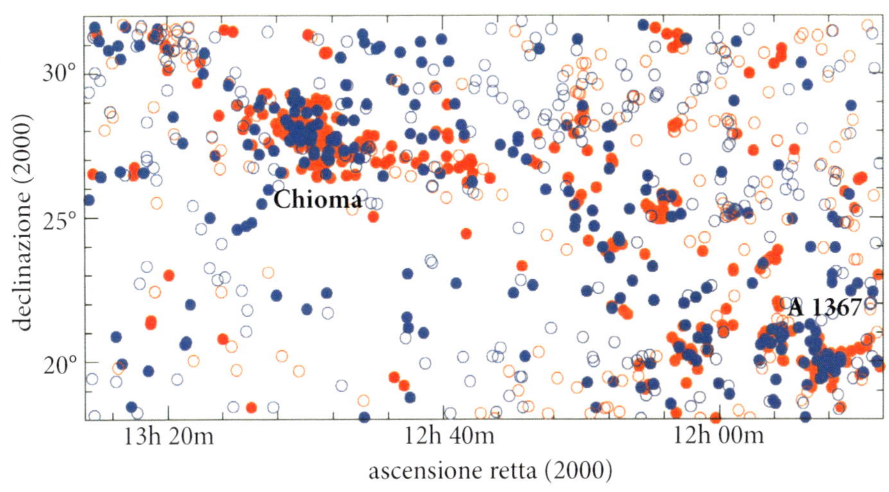

▲ **Figura 6.18** Distribuzione in cielo delle galassie nel superammasso Chioma/A1367. Le galassie a spirale sono rappresentate da cerchi blu, le ellittiche e le lenticolari da cerchi rossi. I cerchi pieni indicano le galassie appartenenti ai due ammassi, che sono le due concentrazioni di oggetti in alto a sinistra (Chioma) e nell'angolo in basso a destra (A1367), o al superammasso, tutte a una distanza di circa 90 Mpc. I cerchi vuoti indicano galassie più vicine a noi, oppure di fondo.

A1367 è situato a circa 300 milioni di anni luce da noi e a 100 milioni di anni luce dall'ammasso della Chioma. Il superammasso è composto da una struttura molto elongata che collega i due ammassi e che può facilmente essere riconosciuta nelle Figure 6.18 e 6.19 che rappresentano la distribuzione delle galassie nel piano del cielo (6.18) e nel piano delle distanze (6.19) nella regione del superammasso Chioma/A1367.

I due ammassi risaltano nella Figura 6.18 come le regioni a più alta densità di oggetti. Le galassie appartenenti al superammasso sono indicate con cerchi pieni e si distribuiscono in cielo in modo assai disomogeneo, anche se si possono indovinare certe zone d'aggregazione preferenziale situate lungo l'asse che collega i due ammassi. La Figura 6.19 mostra la struttura del superammasso anche in funzione della velocità radiale. Qui i due ammassi sono riconoscibili come le due strutture allungate nel senso della velocità ad α = 13h e velocità 7000 km/s (Chioma) e α = 11h 40m e velocità 6500 km/s (A1367). La loro forma allungata, che prende il nome di "Dito di Dio", è dovuta alla dispersione di velocità delle galassie negli ammassi. Come si è già detto, le galassie si muovono all'interno degli ammassi con velocità dell'ordine di 1000 km/s: sono velocità

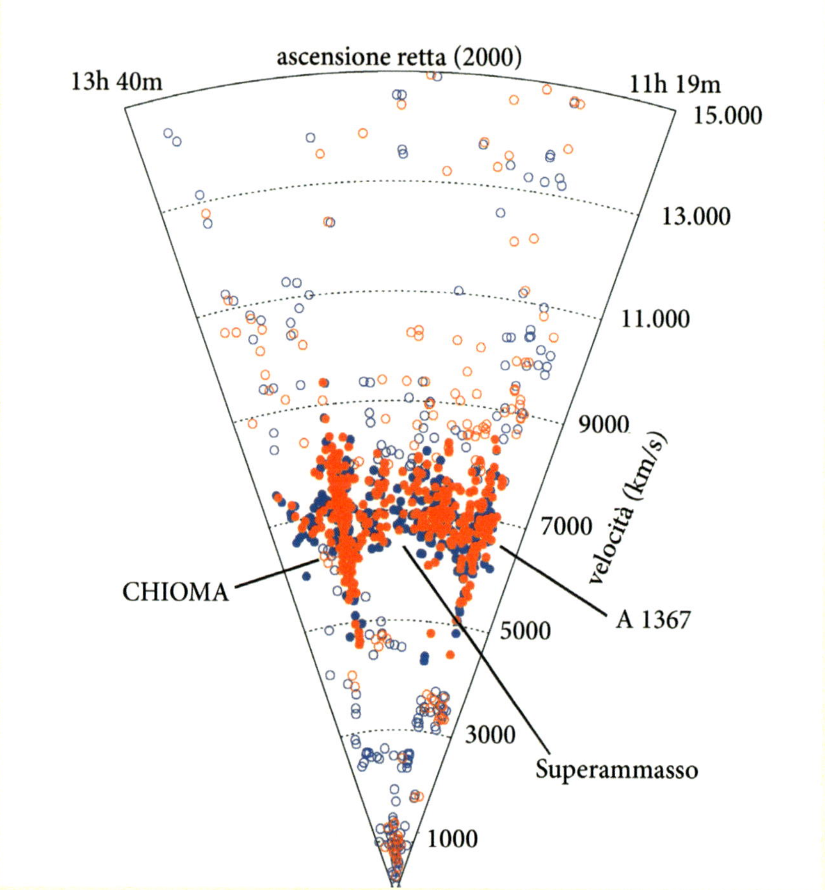

▲ **Figura 6.19** Distribuzione nel piano delle velocità delle galassie che stanno nella direzione del superammasso Chioma/A1367. A causa dell'espansione dell'Universo, le velocità radiali possono essere intese come misure di distanza (si veda il paragrafo 4.1). Le galassie a spirale sono rappresentate da cerchi blu, le ellittiche e le lenticolari da cerchi rossi. I cerchi pieni indicano le galassie appartenenti al superammasso, i cerchi vuoti le galassie in primo piano o di fondo. L'osservatore è situato all'apice del cono, dove la velocità è zero. Gli ammassi Chioma (α = 13h) e A1367 (α = 11h 40m) sono le due strutture allungate in senso radiale, centrate alla velocità di circa 7000 km/s. Sono allungate a causa della forte dispersione di velocità che si misura negli ammassi di galassie: quindi non devono essere necessariamente interpretate come concentrazioni di galassie elongate nel senso della distanza reale. Il superammasso è fatto anche delle galassie poste sul filamento che corre tra i due ammassi. Tra noi e il superammasso si possono notare alcune regioni particolarmente povere di galassie: sono i vuoti cosmici, regioni a bassissima densità di oggetti.

orbitali, che non devono essere confuse con quella di recessione cosmologica; infatti, le galassie stanno tutte all'incirca alla stessa distanza.

Il superammasso è costituito da galassie con velocità di recessione media di circa 7000 km/s. Questa, in particolare, è la velocità delle galassie disposte sulla struttura filamentosa che connette i due ammassi. Tale struttura, che prosegue nel senso delle ascensioni rette anche al di là dei due ammassi, data la sua forma prende il nome di "Grande Muraglia" ed è così estesa che connette il superammasso di Chioma/A1367 al superammasso d'Ercole, continuando forse fino al superammasso di Perseo/Pesci, su una distanza totale di diverse centinaia di milioni di anni luce. È una delle più grandi strutture che si conoscano nell'Universo, ma non è unica. Nel piano delle velocità tra l'osservatore e la Grande Muraglia si possono notare regioni quasi del tutto vuote di galassie, classici esempi di vuoti cosmici.

6.6. Il "Grande Attrattore"

Studi recenti sulla cinematica dell'Universo locale hanno indicato la presenza di una forte anomalia gravitazionale in proiezione dietro il disco della Via Lattea. Questa eccezionale concentrazione di materia, a cui è stato dato il nome di Grande Attrattore, è talmente importante da modificare sensibilmente la geometria dell'Universo circostante, e attirare verso di sé le galassie e gli ammassi di galassie più vicini. Sembrerebbe situata a circa 130 milioni di anni luce di distanza e ha una massa di circa 10^{16} masse solari, cioè dieci volte maggiore di quella dell'ammasso della Chioma. Sembrerebbe che il Gruppo Locale e l'ammasso della Vergine stiano cadendo verso il Grande Attrattore a una velocità di alcune centinaia di km/s.

Le osservazioni nelle onde radio, che non soffrono, come la radiazione ottica, degli assorbimenti dovuti alla polvere interstellare del disco galattico, hanno rivelato una forte concentrazione di galassie nella direzione del Grande Attrattore, probabilmente dovuta alla presenza di uno o più ammassi di galassie. Immagini di questa regione del cielo suggeriscono che effettivamente vi è presente un ammasso ricco di galassie, ACO 3627, che può essere scorto dietro una miriade di stelle della Via Lattea nella Figura 6.20. Questo ammasso potrebbe essere responsabile dell'anomalia gravitazionale attribuita al Grande Attrattore.

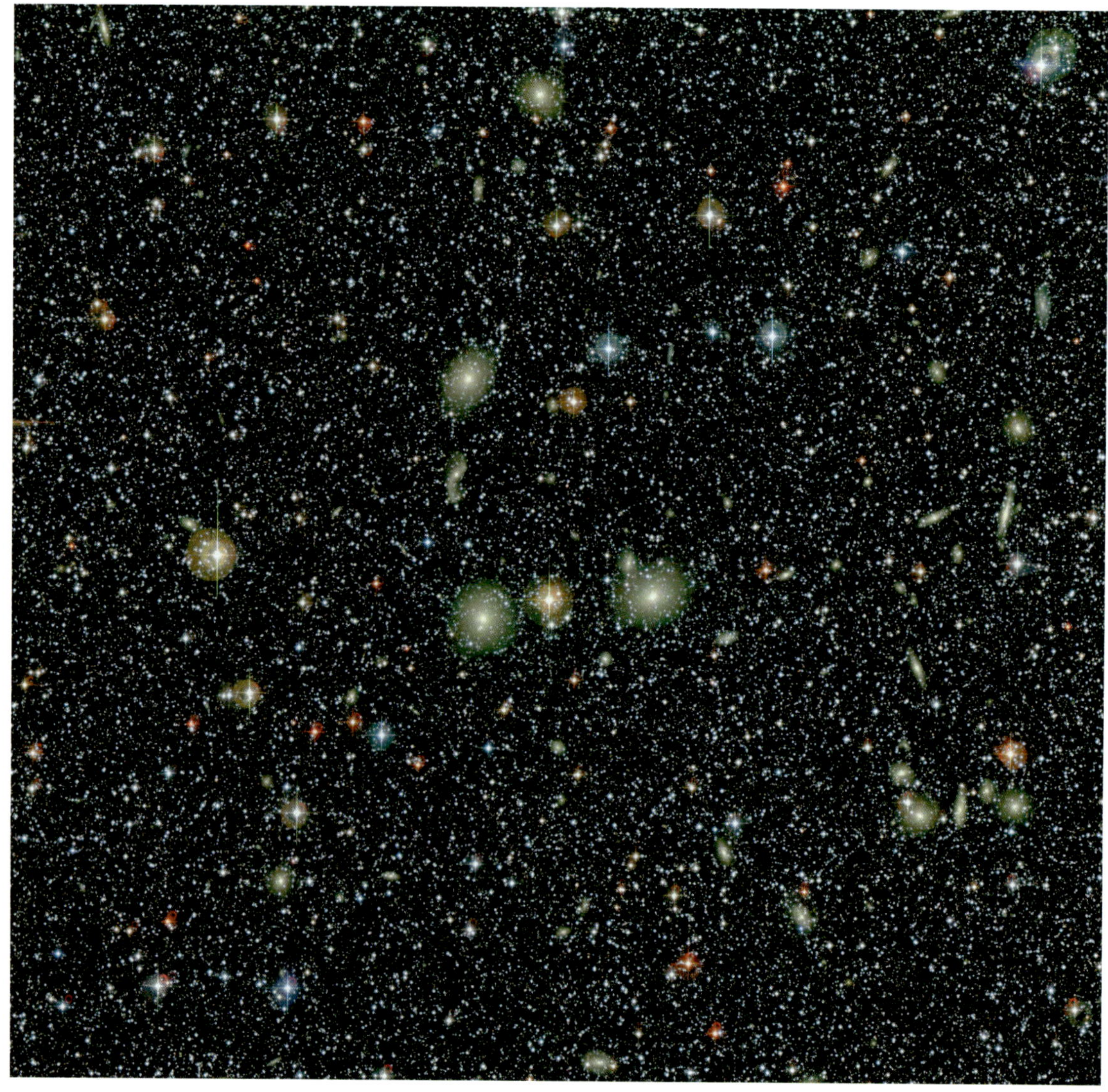

▲ **Figura 6.20** Immagine ottica dell'ammasso di galassie ACO 3627, nella direzione del Grande Attrattore (ESO). Le galassie che compongono questo ammasso sono gli oggetti diffusi di colore giallastro. Le sorgenti puntiformi sono stelle appartenenti alla nostra Galassia, molto numerose perché la ripresa inquadra un campo del piano galattico.

6.7. **Le galassie lontane e le grandi strutture**

Le più recenti rassegne spettroscopiche del cielo, come la 2dFGRS (*2dF Galaxy Redshift Survey*) o la SDSS (*Sloan Digital Sky Survey*), hanno esteso gli studi sulla distribuzione delle galassie, che in precedenza si limitavano all'Universo locale, mettendo in evidenza l'esistenza di estese strutture, come la Grande Muraglia, a distanze di svariate centinaia di milioni di anni luce. La 2dFGRS è una rassegna spettroscopica di tutte le galassie rivelate nelle immagini dell'APM Galaxy Survey (Figura 6.21). Fino ad oggi, la 2dFGRS ha ottenuto gli spettri (da cui si ricava la misura della distanza) per oltre 200 mila galassie ancora relativamente vicine, situate principalmente a meno di 2 miliardi di anni luce (Figura 6.22).

La distribuzione delle galassie nel piano delle velocità (velocità di recessione cosmologica, e quindi nel piano delle distanze) è chiaramente disomogenea, con regioni ad alta densità (ammassi), strutture filamentose che connettono gli ammassi tra loro e che costituiscono i superammassi, e regioni relativamente povere di oggetti, i vuoti cosmici.

La mappa mostra chiaramente la struttura "schiumosa" della distribuzione della materia nell'Universo. L'Universo è una specie di spugna, con regioni vuote circondate da una ragnatela di filamenti densi. Altre *survey* ancora più profonde, ma circoscritte ad areole celesti molto meno estese, indicano che questa struttura spongiforme è presente anche a grandi distanze, dell'ordine di una decina di miliardi di anni luce. In quelle rassegne vediamo com'erano, e come si distribuivano nello spazio, le galassie pochi miliardi di anni dopo il Big Bang.

Le galassie sono presenti nell'Universo in numero estremamente elevato: basta eseguire pose sufficientemente lunghe con un telescopio dell'ultima generazione per rivelarne migliaia. Anche là dove le immagini ottenute con pose di un'ora effettuate con un medio telescopio professionale non mostrano alcun oggetto, l'Universo si rivela estremamente ricco di galassie. Questo esperimento è stato fatto dal Telescopio Spaziale "Hubble" (HST), che ha selezionato nelle immagini d'archivio del telescopio Schmidt di Monte Palomar una regione apparentemente vuota di galassie e su quella ha eseguito osservazioni estremamente profonde, sommando poi le immagini a registro per simulare un'unica esposizione della durata di circa 10 giorni (Figura 6.23). Questa ripresa, la

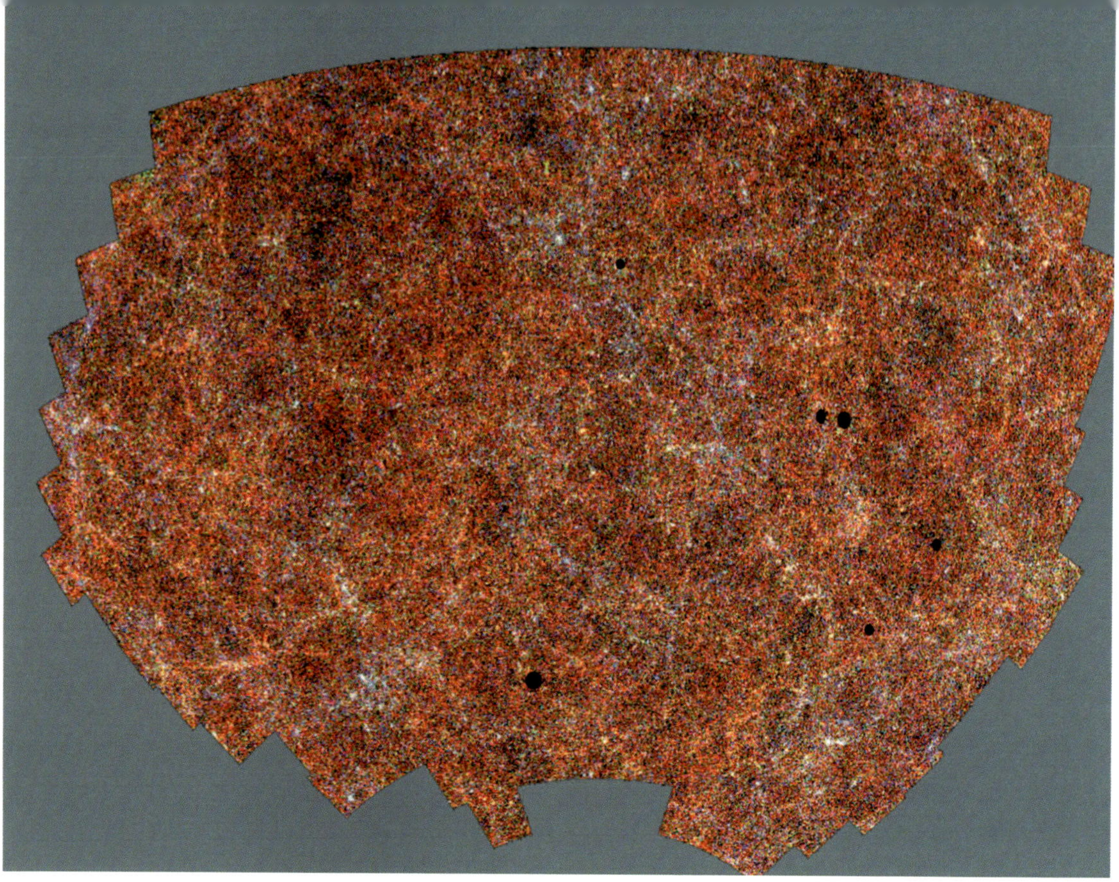

▲ **Figura 6.21** Immagine dell'APM Galaxy Survey. Ogni punto rappresenta una galassia. Se a grande scala la distribuzione delle galassie sembra essere uniforme e isotropa, a più piccola scala si possono notare disomogeneità: le regioni a più alta densità (le regioni bianche) segnalano la presenza di ammassi di galassie.

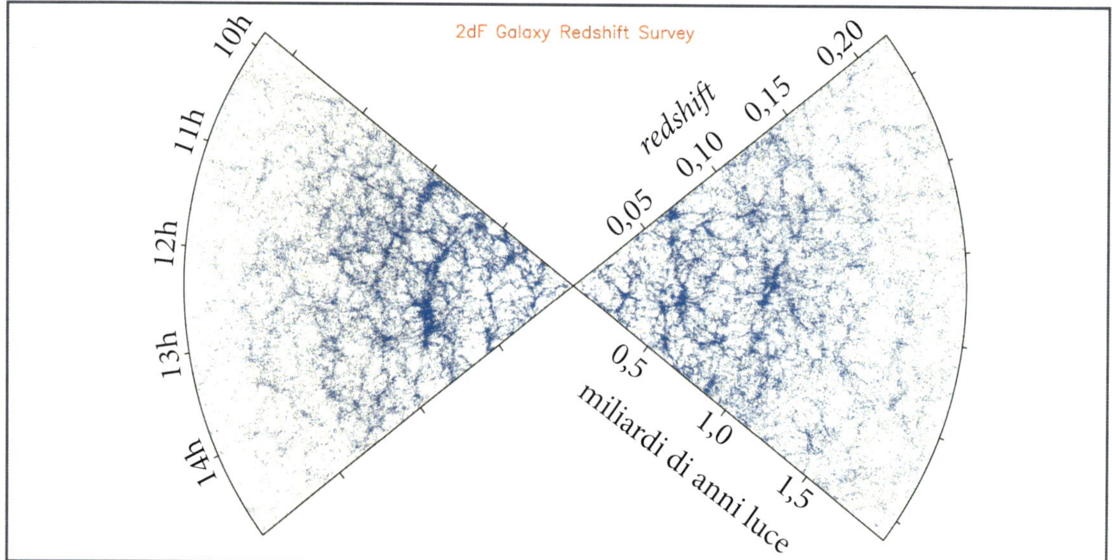

▲ **Figura 6.22** La distribuzione delle galassie nel piano delle velocità ottenuta dalla 2dFGRS. L'intervallo coperto da questa rassegna si spinge fino a distanze di circa 2 miliardi di anni luce. La distribuzione delle galassie è molto disomogenea. Si riconoscono zone di alta densità, che corrispondono agli ammassi di galassie, strutture filamentose e vuoti cosmici.

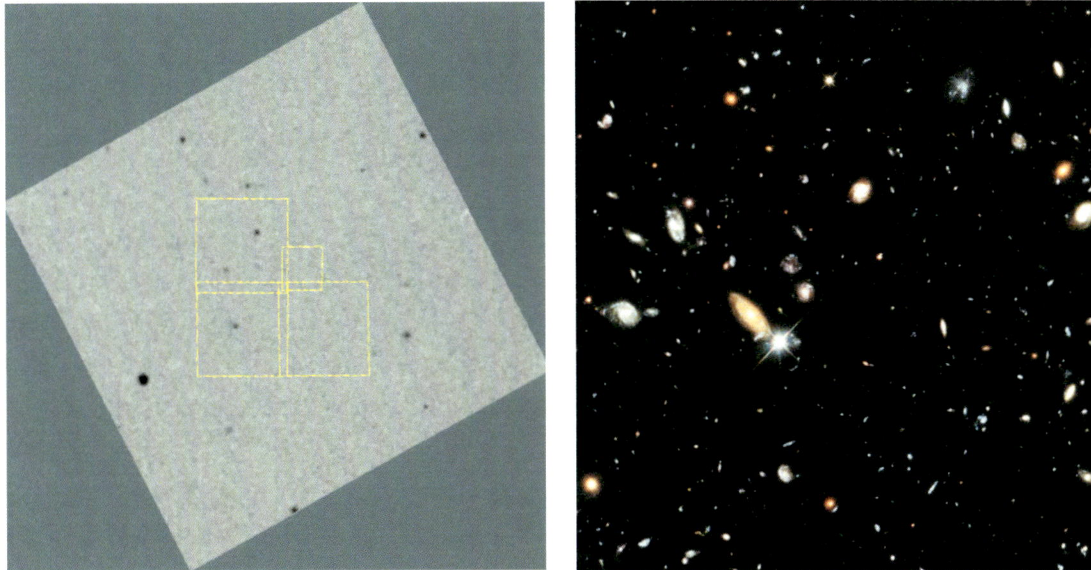

Hubble Deep Field (HDF), ha rivelato la presenza di diverse centinaia di deboli galassie, molto lontane, riconoscibili grazie alla magnifica qualità ottica dello strumento.

Altri campi ancora più profondi, come l'Hubble Ultra Deep Field (HUDF, Figura 6.24; più di undici giorni di esposizione!) confermano che in ogni posa sufficientemente lunga, e in qualsiasi direzione si punti lo strumento, si rivela una miriade di galassie, più o meno distanti. Le rassegne più recenti ci dicono che è possibile rivelare un milione di galassie per ogni grado quadrato di cielo. Un grado quadrato è circa pari a quattro volte la superficie angolare del Sole. L'Universo trabocca di galassie.

▶ **Figura 6.24** L'Hubble Ultra Deep Field è l'immagine più profonda effettuata dall'HST. Si possono osservare diverse centinaia di galassie, in maggioranza spirali. Le poche ellittiche hanno una colorazione spiccatamente rossastra. Gli oggetti all'apparenza puntiformi sono in realtà galassie lontane. Due stelle della nostra Galassia hanno immagini cruciformi, dovute alla diffrazione dei supporti dello specchio secondario del telescopio. L'areola di cielo inquadrata in questa immagine ha un'estensione angolare che è solo 1/10 di quella del Sole.

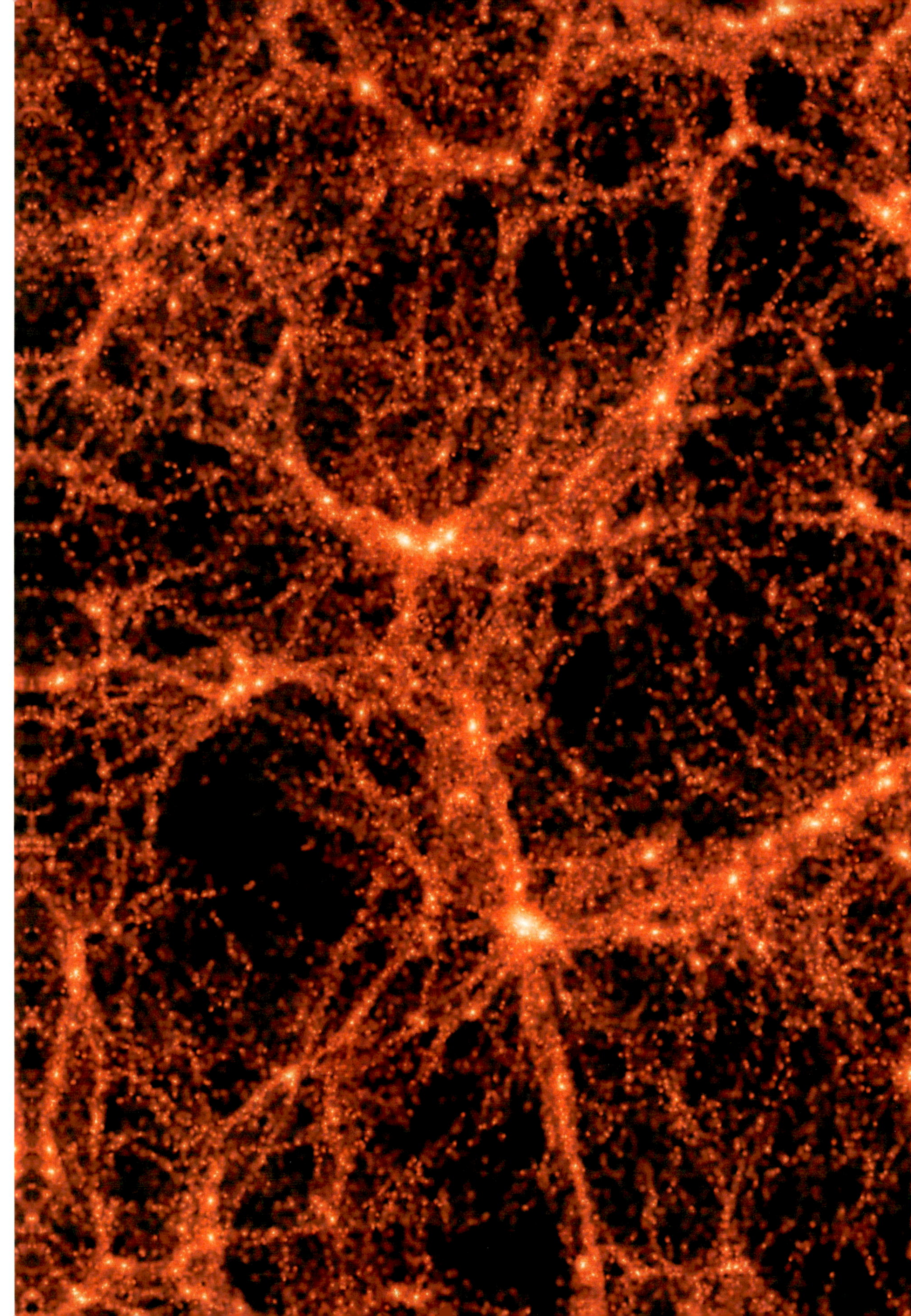

7. La formazione e l'evoluzione delle galassie

Lo studio della formazione e dell'evoluzione delle galassie è uno degli argomenti più appassionanti di tutta l'astronomia moderna. Comprendere come le galassie si siano formate è infatti il passo necessario per ricostruire la storia evolutiva dell'Universo nella sua globalità. Daremo in questo capitolo qualche semplice nozione sul problema centrale della cosmologia, la nascita dell'Universo, e descriveremo le teorie più recenti riguardo alla formazione ed evoluzione delle galassie.

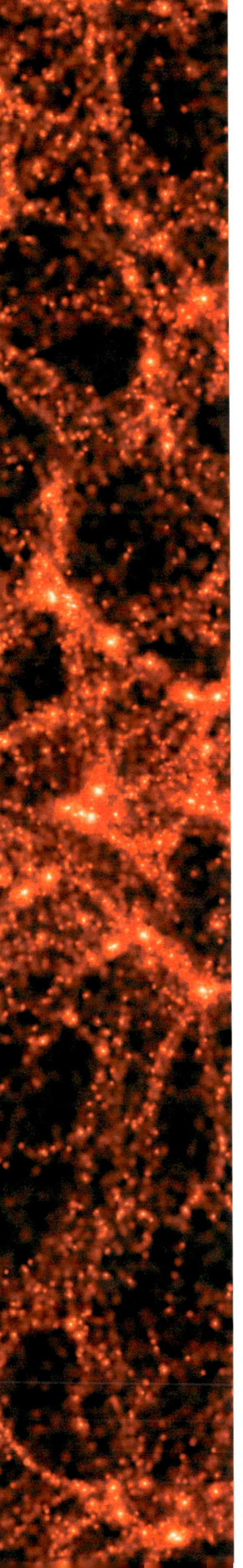

◀ **Figura 7.1** In questa simulazione della struttura a grande scala dell'Universo attuale (13,7 miliardi di anni dopo il Big Bang), la distribuzione delle galassie assomiglia notevolmente a quella rilevata nelle survey come la 2dFGRS (Figure 6.21 e 6.22). Le strutture maggiori si formarono per accrescimento di piccole strutture lungo assi preferenziali, i filamenti nella figura. Le regioni scure, prive di oggetti, riproducono i vuoti cosmici.

7.1. **Il Big Bang**

Il modello più ampiamente accettato relativo alla formazione dell'Universo è quello del Big Bang, che prevede che l'Universo abbia cominciato a espandersi circa 13,7 miliardi di anni fa da una condizione in cui le sue dimensioni erano microscopiche mentre la densità e la temperatura erano enormemente elevate. Da allora, le sue dimensioni vanno progressivamente crescendo. Come avviene anche per un gas caldo in espansione, con l'andare del tempo l'Universo si è raffreddato, ma durante i primi istanti della sua esistenza, la temperatura e l'energia delle particelle erano così elevate da consentire che avvenissero reazioni di creazione e di annichilazione della materia.

In queste condizioni, l'equivalenza tra materia e energia, descritta dalla famosa relazione di Einstein $E = mc^2$, ha permesso alla radiazione elettromagnetica estremamente energetica di trasformarsi in materia e produrre particelle come i protoni, gli elettroni e tutti gli altri componenti fondamentali della materia. La trasformazione da fotoni a particelle, e viceversa, la produzione di fotoni dal processo di annichilazione tra materia e antimateria, si arrestò non appena la temperatura dell'Universo scese sotto una determinata soglia.

La temperatura doveva però ancora diminuire di molto prima che le forze elettrostatiche, che tendono a legare gli elettroni negativi ai protoni positivi per formare gli atomi d'idrogeno, potessero prevalere sull'agitazione termica che, fino ad allora, aveva conferito alle particelle un'energia più che sufficiente per distruggere quei legami. Quando dunque la temperatura dell'Universo calò sotto la soglia critica di 4000 K – e ciò avvenne 380 mila anni dopo il Big Bang – gli elettroni cominciarono a combinarsi con i protoni per formare l'idrogeno (era della ricombinazione). A quel punto, il calo di densità degli elettroni liberi, che interagiscono così efficacemente con i fotoni da "imprigionarli", impedendo loro di diffondersi liberamente, rese l'Universo trasparente alla luce: i fotoni erano finalmente in grado di attraversare tutto l'Universo. La radiazione emessa prima dell'era della ricombinazione, quando l'Universo era ancora opaco, e che, trovandosi in equilibrio termico con il plasma cosmico, aveva le proprietà di un corpo nero, poté diffondersi dappertutto. Oggi questa radiazione, che prende il nome di *radiazione di fondo cosmico*, la osserviamo spostata verso il rosso a lunghezze d'onda aumentate di circa un fattore 1000, a causa dell'espansione dell'Universo: il suo spettro è quello di un corpo nero alla temperatura di 2,73 K; il picco cade a lunghezze d'onda millimetriche.

L'analisi della radiazione di fondo sulle misure dei satelliti COBE e WMAP raccolte nell'ultimo decennio ci ha convinto che all'epoca della ricombinazione la distribuzione della materia nell'Universo non era del tutto omogenea: esistevano regioni di densità leggermente diversa. A grande scala la materia era distribuita in modo sostanzialmente omogeneo, ma su piccola scala certi fenomeni di natura quantistica, verificatisi in epoche precedenti, avevano generato piccole disomogeneità. È come se versassimo inchiostro in un bicchiere d'acqua: l'acqua sembra diventare uniformemente nera, ma se fossimo in grado di osservare ad altissimi ingrandimenti le singole parti di questa miscela, ci accorgeremmo che, su piccola scala, alcune zone possono essere più dense d'inchiostro di altre.

Le forze gravitazionali messe in campo dalle regioni di più alta densità potrebbero aver impedito localmente alla materia di seguire l'espansione dell'Universo, dando vita a strutture dinamicamente stabili. Come nell'Universo locale, tali strutture erano principalmente composte da materia oscura.

Gli astronomi hanno formulato due ipotesi capaci di spiegare la formazione delle galassie a partire da queste regioni di alta densità: l'una è detta *formazione monolitica*, l'altra *formazione gerarchica*: le descriveremo nelle pagine seguenti.

7.2. La formazione monolitica e l'evoluzione secolare

I modelli di formazione monolitica delle galassie ipotizzano che le regioni a densità di materia oscura relativamente più elevata si siano "sconnesse" dall'espansione dell'Universo per costituire le protogalassie. Ciò avvenne non appena localmente le forze gravitazionali, che tendono a far collassare la materia, divennero sufficientemente intense da contrastare l'espansione dell'Universo. Le protogalassie sono nubi primordiali di gas a partire dalle quali presero forma le galassie che conosciamo. In questo scenario, all'origine delle diverse classi di oggetti che osserviamo nell'Universo locale stanno la diversa dimensione delle nubi primordiali e il tipo specifico di collasso che esse sperimentarono.

Le galassie ellittiche si formarono quando il collasso del gas primordiale si produsse in direzione radiale e fu sostanzialmente isotropo, senza alcuna direzione preferenziale,

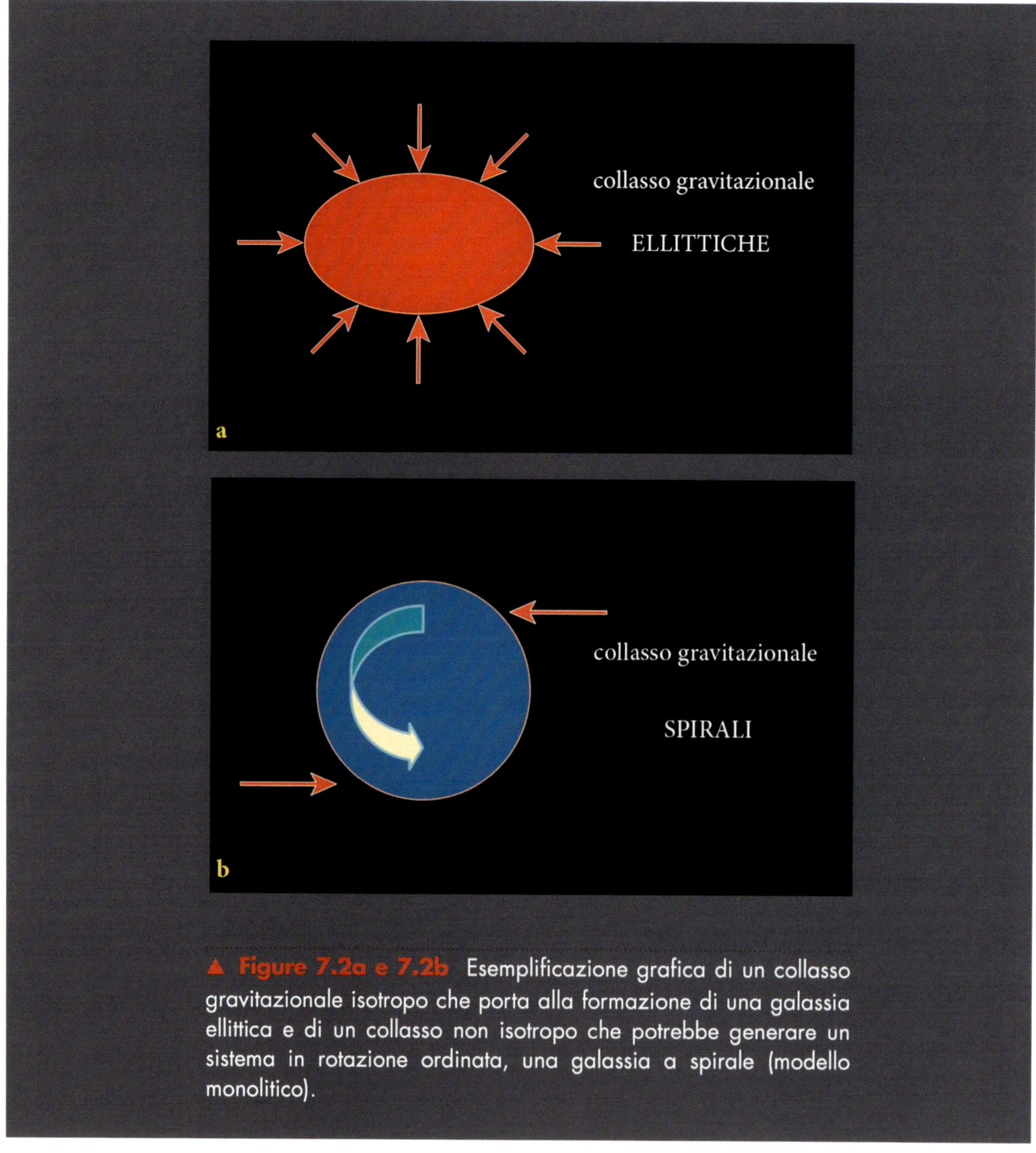

▲ **Figure 7.2a e 7.2b** Esemplificazione grafica di un collasso gravitazionale isotropo che porta alla formazione di una galassia ellittica e di un collasso non isotropo che potrebbe generare un sistema in rotazione ordinata, una galassia a spirale (modello monolitico).

come indicato nella Figura 7.2.a. Il collasso generò un ulteriore aumento della densità. L'idrogeno atomico si trasformò in idrogeno molecolare seguendo reazioni lente, diverse da quelle che avvengono nel mezzo interstellare delle galassie, dove la trasformazione è catalizzata dai grani di polvere (non c'erano polveri nell'Universo primordiale). La collisione tra nubi molecolari portò infine alla formazione delle prime stelle. Non essendo contrastato da forze opposte, il collasso poté proseguire fino alla trasformazione di tutto il gas in stelle, ciò che richiese un tempo relativamente breve (qualche centinaio di milioni di anni).

Là dove il collasso primordiale non fu radiale e isotropo, ma seguì invece una direzione preferenziale lungo un dato piano, è possibile che abbia indotto la rotazione della protogalassia (Figura 7.2.b). In questo caso, il collasso del gas nella direzione perpendicolare al piano di rotazione fu rapida perché non contrastata da alcuna forza: tutto il gas precipitato lungo questo asse si trasformò rapidamente nelle stelle che costituiscono il *bulge* e l'alone delle galassie. Al contrario, le forze centrifughe indotte dalla rotazione della protogalassia impedirono al gas di collassare nella direzione del piano di rotazione. In tal modo, per la conservazione del momento angolare, cioè della rotazione della galassia, si assistette alla formazione di una spirale. Il gas che non partecipò al collasso iniziale si stabilizzò in una sorta di serbatoio, sul piano galattico, quale principale costituente del mezzo interstellare, ancora oggi disponibile per la formazione di nuove stelle.

In questo scenario, l'attività di formazione stellare nelle galassie può aver seguito la legge di Sandage, illustrata in Figura 4.16. Nelle galassie a spirale più massicce e nelle Sa-Sb, dominate da un *bulge* importante, la trasformazione del gas in stelle fu molto rapida ed efficace. La maggior parte delle stelle venne alla luce in un tempo relativamente breve, qualche miliardo di anni, e costituì il grosso *bulge*. Il poco gas restante dopo il collasso iniziale ha continuato a formare stelle fino ai nostri giorni ma a un tasso relativamente contenuto. Al contrario, nelle galassie a spirale di tipo Sc-Sd-Sm e di piccola massa, il collasso iniziale fu molto più lento (le forze gravitazionali erano meno intense che nelle galassie massicce) e il gas ha avuto il tempo di distribuirsi lungo tutto il disco. La grande disponibilità di gas ha reso possibile fino ad oggi un'attività relativamente continuativa e vigorosa di formazione stellare.

Più recentemente questa visione, che non prende in considerazione le possibili interazioni con l'ambiente circostante, è stata leggermente modificata per tener conto del fatto che le galassie, anche quelle isolate, nel corso della loro storia potrebbero aver accresciuto materia sotto forma di satelliti gassosi o di gas diffuso. In ogni caso, lo scenario esclude ogni tipo d'interazione violenta, in grado di perturbare profondamente la morfologia delle galassie. In questo nuovo contesto, non si parla più di evoluzione monolitica, bensì di *evoluzione passiva* o *secolare*.

Il modello riproduce molto fedelmente tutte le proprietà fisiche delle galassie vicine, che sembrano essere tanto più antiche quanto più sono massicce e, al contrario, tanto più giovani quanto più sono di piccola taglia.

7.3. La formazione gerarchica

Il secondo modello preferito dai cosmologi e attualmente più di moda perché in accordo con le osservazioni del fondo cosmico, è il modello gerarchico. Le sue origini sono profondamente legate ai modelli cosmologici di formazione dell'Universo. In un Universo dominato dalla materia oscura, le fluttuazioni di densità sono tali che le prime strutture a formarsi sono le più piccole. Si tratta di condensazioni di materia oscura che, in seguito, si fondono fra loro per creare strutture sempre più grandi: si viene così a creare una gerarchia di strutture, conformemente a quanto si osserva nella distribuzione delle galassie. Le Figure 7.3 e (ingrandita) 7.1 riportano i risultati di alcune recenti simulazioni cosmologiche eseguite al calcolatore riproducendo le condizioni fisiche dell'Universo primordiale e facendole evolvere nel tempo, tenendo conto di diversi vincoli osservativi. Le simulazioni, capaci di riprodurre fedelmente la distribuzione delle galassie nell'Universo, tant'è vero che quasi si confondono con l'effettiva distribuzione osservata dalla 2dFGRS (Figure 6.21 e 6.22), predicono molto bene i tempi per la formazione di strutture, dalle piccole alle grandi.

Supponendo che il rapporto massa/luminosità sia circa lo stesso che si registra nell'Universo locale, i cosmologi hanno potuto calcolare la possibile densità di stelle a partire dalla massa di queste nubi di materia (oscura e normale) e da lì prevedere tempi e modi per la formazione e l'evoluzione delle galassie. È stato così suggerito che le galassie più massicce si sono formate a seguito di successivi episodi di fusione di galassie più piccole, secondo il processo descritto nel capitolo 5. Le Antennae (Figura 5.8) potrebbero essere un esempio di galassie che si fondono per costituire un oggetto più massiccio. Durante ogni fusione, l'impatto violento del mezzo interstellare delle due galassie induce un rapido collasso del gas disponibile e, di conseguenza, un aumento del tasso di formazione stellare, con il conseguente consumo di una grande parte del gas, come schematicamente rappresentato in Figura 7.4.

La fusione di due galassie di massa confrontabile, anche nel caso di due spirali in rotazione, dà luogo a una galassia ellittica. La rotazione ordinata delle stelle viene scompaginata e si trasforma in un moto caotico.

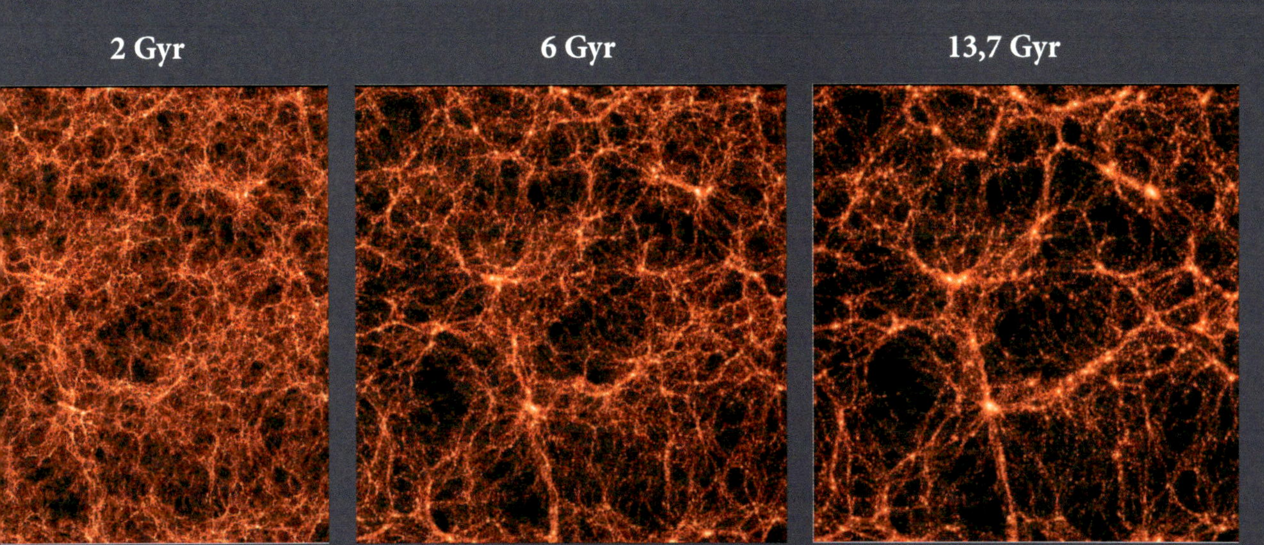

▲ **Figura 7.3** Risultato delle simulazioni di modelli evolutivi di un Universo dominato dalla materia oscura. Le concentrazioni di materia oscura vanno amplificandosi nel tempo, che cresce andando da sinistra a destra (1 Gyr = 1 miliardo di anni); si noti infatti come le più grandi strutture siano ben delineate solo all'epoca attuale (ultima immagine).

I modelli gerarchici, suggeriti dai modelli di evoluzione dell'Universo basati sulla materia oscura, sono in ottimo accordo con le osservazioni delle grandi strutture cosmiche. Essi riproducono assai fedelmente la distribuzione delle galassie nell'Universo vicino e lontano. Tuttavia sono in maggiori difficoltà, rispetto ai modelli monolitici e secolari, quando cercano di riprodurre le proprietà osservate nelle galassie. Prevedono, per esempio, che le galassie più massicce, le ultime ad essere state formate, siano anche quelle con la popolazione stellare più giovane, mentre tutte le osservazioni di galassie vicine e lontane indicano chiaramente che le galassie più grandi sono le più vecchie. Per ristabilire l'accordo con questa evidenza osservativa si deve fare un certo numero d'ipotesi *ad hoc*.

7.4. I risultati delle osservazioni

L'osservazione di galassie sempre più lontane, quindi sempre più giovani, ha permesso di determinare come le loro proprietà siano evolute nel tempo. Utilizzando i dati relativi a diversi indicatori di formazione stellare, come l'emissione ultravioletta, infrarossa o di certe righe di emissione, per campioni selezionati in base alla distanza, è stato possibile ricostruire la storia cosmica dell'attività di formazione stellare, vale a dire il numero di stelle nate ogni anno, per unità di volume, in diverse epoche (Figura 7.5).

Nonostante l'incertezza delle osservazioni, sembrerebbe che il tasso di formazione stellare nell'Universo sia rimasto pressoché costante nel passato, per poi crollare bruscamente di un fattore dieci negli ultimi cinque miliardi di anni. Sfruttando le misure di assorbimento della luce dei quasar lontani che attraversa le distese cosmiche per miliardi di anni luce, è stato inoltre possibile determinare come varia nel tempo la densità dell'idrogeno neutro nell'Universo (Figura 7.6). Qui le incertezze sono ancora maggiori; ciononostante, sembra si possa dire che, come per il tasso di formazione stellare, anche la densità del gas sia rimasta circa costante nei primi otto miliardi di anni dal Big Bang. Il confronto con la densità di idrogeno misurata nelle galassie vicine, ci dice che le riserve di gas diminuiscono fortemente (di un fattore dieci) negli ultimi cinque miliardi di anni.

Dunque, la maggiore disponibilità di gas ha fatto sì che l'attività di formazione stellare sia stata molto più forte nel passato. Ciò viene predetto dal modello gerarchico (le fusioni tra galassie, eventi che innescano la formazione stellare, erano più frequenti nel passato, quando l'Universo era più denso), ma anche dal modello monolitico, se si crede alla legge di formazione stellare di Sandage (Figura 4.16). Le risultanze del modello monolitico, indicate dalla linea punteggiata nelle Figure 7.5 e 7.6, riproducono in modo soddisfacente le osservazioni.

Sfortunatamente non abbiamo ancora capito quale dei due modelli, gerarchico o monolitico, meglio si accordi con la storia evolutiva delle galassie. Ultimamente, gli astronomi concordano sul fatto che nel lontano passato, quando la densità più elevata favoriva incontri stretti e fusioni, prevalesse una formazione di tipo gerarchico. Questo sembra aver dato vita alle ellittiche negli ammassi di galassie, che osserviamo già completamente formate due miliardi di anni dopo il Big Bang. Le galassie a spirale, al contrario, potrebbero avere avuto una formazione e un'evoluzione passiva, di tipo monolitico e secolare, visto che diverse fusioni violente ne avrebbero certamente distrutto la cinematica e la struttura. Comprendere la formazione e l'evoluzione delle galassie resta dunque una delle più formidabili sfide dell'astronomia moderna.

▶ **Figura 7.4** Rappresentazione schematica della formazione gerarchica delle galassie. Le fluttuazioni primordiali di materia oscura si fondono per formare strutture via via sempre più grandi (da sinistra a destra). Durante ogni processo di fusione si innesca la formazione stellare. In questo scenario, le galassie più massicce sono le ultime ad essersi formate e quindi dovrebbero essere quelle con la popolazione stellare più giovane (ma non è così!).

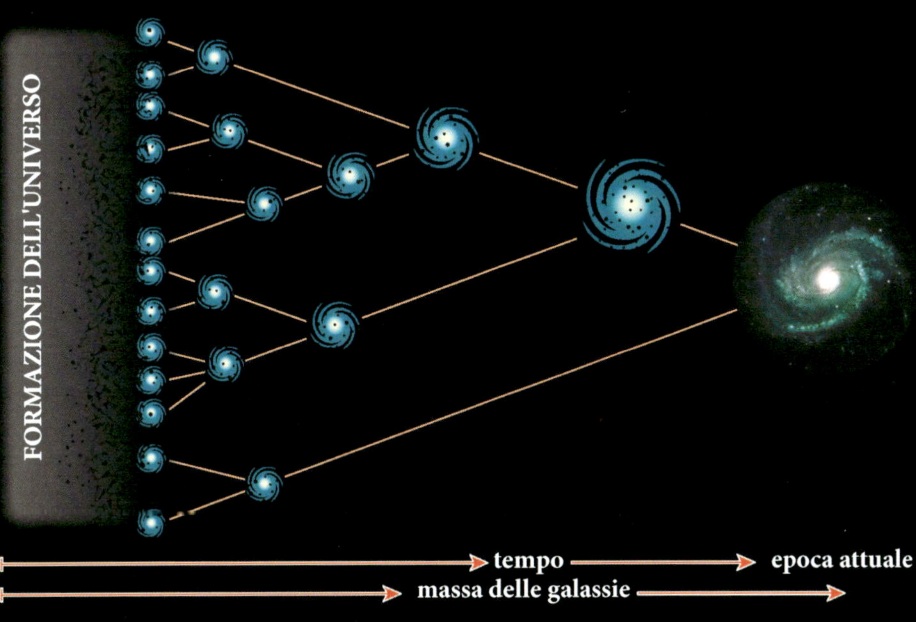

FORMAZIONE DI UNA GALASSIA A SPIRALE
FORMAZIONE DELL'UNIVERSO
tempo
epoca attuale
massa delle galassie

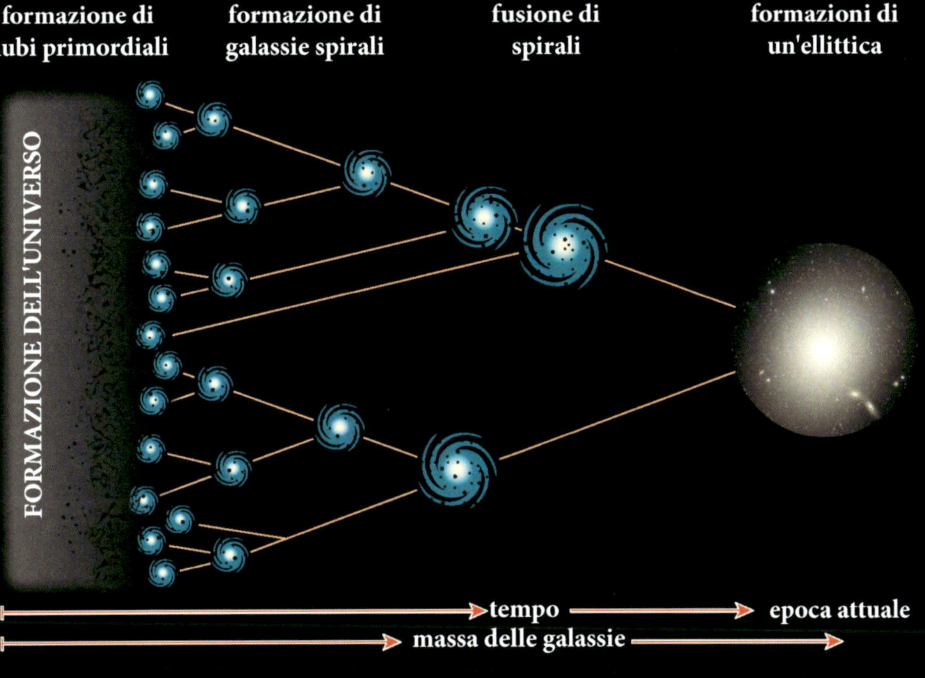

FORMAZIONE DI UNA GALASSIA ELLITTICA
formazione di nubi primordiali
formazione di galassie spirali
fusione di spirali
formazioni di un'ellittica
FORMAZIONE DELL'UNIVERSO
tempo
epoca attuale
massa delle galassie

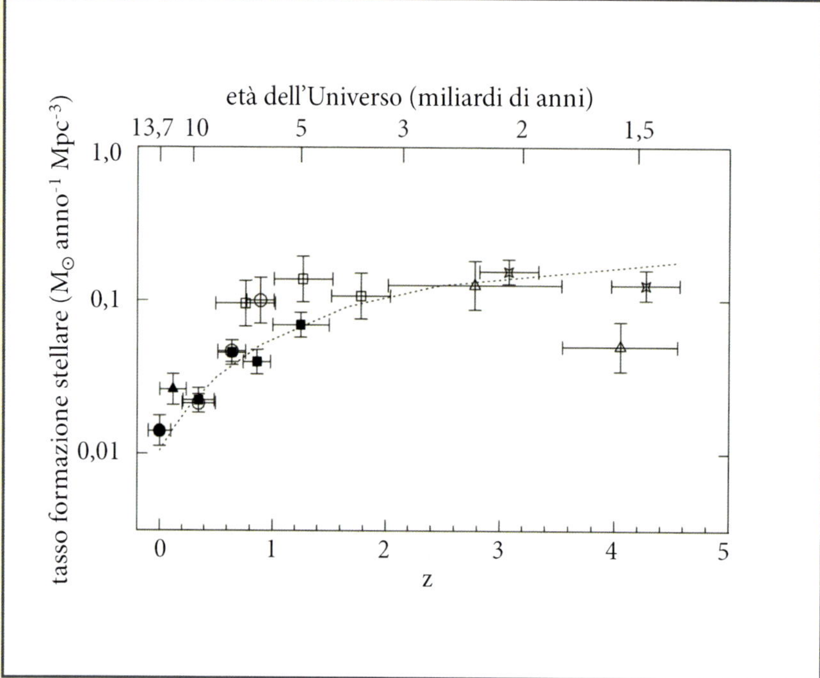

◀ **Figura 7.5**

Evoluzione cosmica del tasso di formazione stellare dell'Universo tra 1,5 miliardi di anni dopo la sua formazione e l'epoca attuale. La scala sull'asse delle ordinate è logaritmica: si noti come cala bruscamente il tasso di nascita di nuove stelle negli ultimi 5 miliardi di anni. L'incertezza di queste misure (barra d'errore) è comunque molto grande. La linea punteggiata mostra l'evoluzione predetta da un modello monolitico.

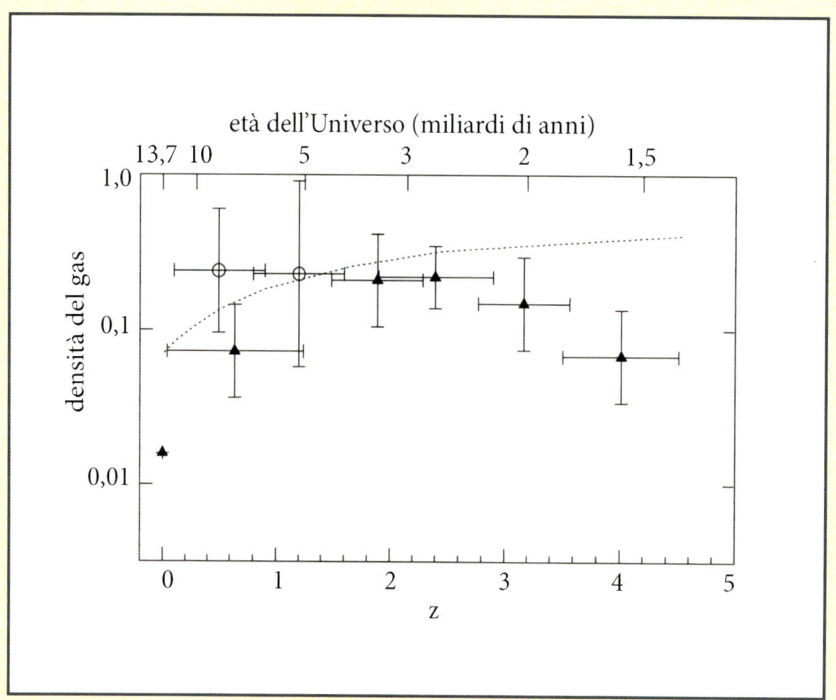

◀ **Figura 7.6**

Evoluzione cosmica della densità del gas nell'Universo (in ordinata la scala è logaritmica). Le misure sono ancora più incerte delle precedenti e la linea punteggiata descrive l'evoluzione prevista da un modello monolitico.

Principali costanti e grandezze astronomiche

velocità della luce:	c =	299.792 km/s
cost. di gravitazione universale:	G =	$6{,}673 \cdot 10^{-11}$ m^3 kg^{-1} s^{-2}
parsec:	pc =	$3 \cdot 10^{13}$ km = 3,262 anni luce
massa del Sole:	$M_\odot$ =	$1{,}989 \cdot 10^{30}$ kg
luminosità del Sole:	$L_\odot$ =	$3{,}845 \cdot 10^{33}$ erg/s
raggio del Sole:	$R_\odot$ =	$6{,}955 \cdot 10^{5}$ km
costante di Hubble:	H_0 =	(71 ± 4) km s^{-1} Mpc^{-1}
temperatura del fondo cosmico:	T_{CBR} =	2,726 K
età dell'Universo:	t_0 =	13,7 miliardi di anni

Grandezze tipiche nell'Universo

Galassie:

diametro:	100.000 anni luce (galassia gigante)
	10.000 anni luce (galassia nana)
velocità di rotazione (spirali):	400 km/s (galassia gigante)
	50 km/s (galassia nana)
dispersione di velocità (ellittiche):	300 km/s (galassia gigante)
	50 km/s (galassia nana)
massa:	10^{12} masse solari (galassia gigante)
	10^{7} masse solari (galassia nana)

Ammassi di galassie:

diametro:	2 Mpc, 6-7 milioni di anni luce
numero di galassie:	500-5000
dispersione di velocità:	1000 km/s
massa:	10^{14} - 10^{15} masse solari
distanza tra ammassi:	50-200 Mpc

Banche dati in Internet

La maggior parte delle immagini utilizzate in questo libro sono state prese da diversi database di dati astronomici disponibili in rete ai quali il lettore può facilmente accedere, spesso nelle sezioni IMAGES o GALLERY. Il codice listato a destra è quello utilizzato nelle didascalie per indicare l'origine dell'immagine.

http://www.atnf.csiro.au   **ATNF**
Australian Telescope National Facility, istituto australiano incaricato della gestione dei radiotelescopi centimetrici come Parkes e l'interferometro ATCA.

http://bima.astro.umd.edu   **BIMA**
Il BIMA Millimeter Array è una rete di dieci antenne di 6,1 m di diametro situata presso l'Hat Creek Radio Observatory, in California. Si tratta di radiotelescopi millimetrici utilizzabili per osservare le righe del gas molecolare, come la riga del CO, e la polvere più fredda del mezzo interstellare.

http://www.cfht.hawaii.edu   **CFHT**
Canada-France-Hawaii Telescope, telescopio di 3,6 m di diametro situato in cima al vulcano di Mauna Kea, Hawaii. Questo telescopio è utilizzato per ottenere immagini e spettri nell'ottico e nel vicino infrarosso.

http://Chandra.harvard.edu   **Chandra**
Chandra è un telescopio spaziale americano per raggi X. È stato messo in orbita dalla Navetta Spaziale Columbia nel 1999. Questo telescopio è utilizzato per osservare l'emissione X delle galassie e degli ammassi di galassie.

http://www.eso.org   **ESO**
European Southern Observatory (Osservatorio Europeo Australe), la cui sede è a Garching (Germania), che gestisce sulle Ande cilene gli Osservatori di La Silla, dove sono situati diversi telescopi di diametro compreso tra 3,6 m e 90 cm, e del Cerro Paranal, dove è situato il Very Large Telescope, quattro telescopi di 8,2 m di diametro ciascuno. Questi telescopi sono utilizzati per effettuare immagini e spettri nell'ottico e nel vicino e medio infrarosso.

http://www.GALEX.caltech.edu/index.html   **GALEX**
GALEX è un telescopio spaziale americano, con una partecipazione francese, di 50 cm di diametro, costruito per osservare l'emissione ultravioletta delle galassie. È stato messo in orbita nel 2003.

http://GOLDMine.mib.infn.it   **GOLDMINE**
Galaxy On Line Database MIlano NEtwork, è il database attraverso il quale Giuseppe Gavazzi e l'autore mettono a disposizione della comunità scientifica internazionale i loro dati.

http://www.stsci.edu/resources   **HST**
Sito del Telescopio Spaziale "Hubble" (HST), di 2,4 m di diametro. Grazie alla sua posizione fuori dell'atmosfera terrestre, l'HST è lo strumento più adatto per prendere immagini ad altissima risoluzione angolare. Il telescopio è usato per acquisire immagini e spettri nel visibile, nell'ultravioletto e nel vicino infrarosso.

http://www.ing.iac.es/PR/int_info   **INT, WHT**
Isaac Newton Telescope (2,5 m di diametro) e William Herschel Telescope (4,2 m di diametro), telescopi inglesi situati presso l'Osservatorio di Roques de los Muchachos, sull'isola di La Palma, alle Canarie. Questi telescopi sono utilizzati per prendere immagini e spettri nell'ottico e nel vicino infrarosso.

http://iram.fr   **IRAM**
Institut de RAdioastronomie Millimétrique, istituto con sede a Grenoble che gestisce la rete di antenne millimetriche del Plateau de Bure (Francia, sei antenne di 15 m di diametro) e il radiotelescopio del Pico Veleta (Spagna, antenna di 30 m di diametro). Si tratta di radiotelescopi millimetrici utilizzati per osservare le righe del gas molecolare, come la riga del CO, e la polvere fredda del mezzo interstellare.

http://www.iso.vilspa.esa.es   **ISO**
Infrared Space Observatory, satellite infrarosso di 60 cm di diametro costruito dall'Agenzia Spaziale Europea (ESA) per osservare (con immagini e spettri) l'emissione delle polveri. Messo in orbita nel 1995.

http://nedwww.ipac.caltech.edu   **2MASS**
Two Micron All Sky Survey: rassegna completa del cielo nel vicino infrarosso (1-2 μm) effettuata con telescopi automatici di 1,3 m di diametro situati sul Monte Hopkins (Arizona) e CTIO (Cile).

http://www.noao.edu/kpno   **NOAO**
Il National Optical Astronomical Observatory è l'istituto pubblico americano incaricato della gestione degli Osservatori astronomici nazionali come quello di Kitt Peak (Arizona), Cerro Tololo (Cile), Gemini (Hawaii).

http://www.obs-hp.fr   **OHP**
Observatoire de Haute Provence, situato a Saint Michel l'Observatoire, Luberon (Francia), dove sono presenti diversi telescopi di piccolo diametro (tra 1,93 e 1,20 m).

http://wave.xray.mpe.mpg.de/rosat   **ROSAT**
ROSAT è un telescopio spaziale tedesco costruito per osservare i raggi X. È stato messo in orbita nel 1990. Questo telescopio è stato utilizzato per osservare l'emissione X delle galassie e degli ammassi di galassie.

http://www.sdss.org   **SDSS**
Sloan Digital Sky Survey: rassegna completa del cielo in cinque bande ottiche effettuata con un telescopio di 2,5 m di diametro situato ad Apache Point, New Mexico.

http://www.Spitzer.caltech.edu/Spitzer/index.shtml   **Spitzer**
Satellite infrarosso di 85 cm di diametro messo in orbita dalla NASA nel 2003. È stato costruito per osservare (immagini e spettri) l'emissione delle polveri.

http://www.naoj.org   **Subaru**
Telescopio giapponese di 8 m di diametro situato in cima al vulcano di Mauna Kea, Hawaii. Questo telescopio è utilizzato per ottenere immagini e spettri nell'ottico e nel vicino infrarosso.

http://www.vla.nrao.edu   **VLA**

Very Large Array, rete di 27 antenne centimetriche di 25 m di diametro ciascuna, situata a Socorro, New Mexico (USA). Questa rete di radiotelescopi è stata costruita per osservare l'emissione radio continua delle galassie e in riga, a 21 cm.

http://www.astron.nl/wsrt/WSRTproj/PrettyPictures/index.html   **WSRT**

Westerbork Radio Telescope, rete di 14 radiotelescopi di 25 m di diametro situata a Westerbork, in Olanda, adatto per osservare in continuo e in riga a 21 cm.

http://xmm.vilspa.esa.es   **XMM**

XMM Newton è un telescopio spaziale europeo costruito per osservare l'emissione X delle galassie e degli ammassi di galassie. Questo satellite è stato messo in orbita nel 1999.

Ringraziamenti

Vorrei ringraziare Samuel Boissier, James Lequeux e Jean-Claude Bouret, che hanno avuto la pazienza di rileggere il testo originale francese, e i cui commenti, suggerimenti, correzioni e critiche sono sempre stati pertinenti e costruttivi. Vorrei indirizzare un ringraziamento particolare a James Lequeux, che mi ha insegnato molto su questo tema nel passato e che continua a farlo, nella speranza che la nostra collaborazione possa continuare nel tempo. Lo ringrazio inoltre per aver accettato di scrivere la prefazione del libro. Ringrazio Luca Cortese e Jean Pierre Goudal per la loro disponibilità e il loro aiuto nella preparazione di molte figure, e Giuseppe Gavazzi, co-autore di un grande numero delle immagini qui presentate, con cui ho il piacere di lavorare in stretta collaborazione da molti anni. Vorrei infine ringraziare tutti quelli che mi hanno sostenuto e incoraggiato per lanciarmi in questo progetto, mia moglie Beatrice, la mia famiglia, i miei suoceri e tutti i miei amici.

Crediti delle immagini

Le immagini mostrate in questo testo sono proprietà privata di diversi Istituti, Osservatori, riviste scientifiche o singoli astronomi e sono protette dalle leggi sui diritti d'autore. Non possono quindi essere riprodotte senza il loro consenso. L'autore è infinitamente riconoscente a tutti coloro che hanno messo a disposizione immagini e schemi.

Le immagini 1.1, 1.4, 1.8, 1.18, 1.19, 1.22, 1.23, 2.10d, 3.1, 3.2a, 3.3, 3.7, 3.10, 3.17, 4.6a, 6.14, gentilmente messe a disposizione da Jean-Charles Cuillandre e Giovanni Anselmi (*Coelum*), sono proprietà privata del Canada-France-Hawaii Telescope Corporation (CFHT).

Le immagini 1.2, 1.6a, 1.9, 1.10, 1.13, 1.17, 1.25, 1.27, 1.28, 1.29, 1.33ab, 2.19a, 3.2b, 3.9, 3.12, 3.14, 3.18, 5.5, 5.6 e 5.8 sono proprietà privata dello Space Telescope Science Institute (NASA e The Hubble Heritage Team, AURA/STScI).

Le immagini 1.3, 1.7, 1.15, 1.21, 1.24, 1.31, 3.4, 3.5, 3.8, 3.15, 3.16, 4.6e, 6.20 sono proprietà privata dell'European Southern Observatory (ESO).

Le immagini 1.5, 1.34b, 2.4, 2.5, 2.5, 2.6, 2.7, 2.9a, 2.10b, 2.17a, 2.17b, 3.19, 4.6b, 4.6c, 4.6d, 4.6f, 4.6g, 4.6h, 4.6i, 4.6l, 4.6m, 4.7, 4.8a, 4.14, 4.15, 4.16, 4.17, 4.18, 5.17, 6.18, 6.19, 7.2.a, 7.2.b, 7.4, 7.5, 7.6 sono di nostra proprietà (A. Boselli, Laboratoire d'Astrophysique de Marseille, e G. Gavazzi, Università degli Studi di Milano). Sono spesso una versione modificata di figure presentate in diverse pubblicazioni scientifiche.

Le immagini 1.5, 1.26, 1.35, 1.36a, 1.37a, 2.11b, 2.18, 3.13, 5.10, 6.2, 6.3, 6.4, 6.5, 6.13 sono proprietà privata del National Optical Astronomy Observatory/Association of Universities for Research in Astronomy/National Science Foundation (NOAO/AURA/NSF).

Le immagini 1.11, 1.12 sono proprietà privata di R. Corradi (Isaac Newton Group of Telescopes).

L'immagine 1.14 è un documento NASA, ESA (Y. Izotov, Main Astronomical Observatory, Kiev, UA, e T. Thuan, University of Virginia).

Le immagini 1.20, 1.30, 2.19b, 3.6, 4.9a, 6.10, 6.11 sono proprietà privata del Subaru Telescope, National Astronomical Observatory of Japan.

Le immagini 1.32a e 6.23a della Digitized Sky Survey (DSS) sono proprietà privata dello Space Telescope Science Institute.

Le immagini 1.32b, 1.36b, 1.36c, 1.37c, 2.9i, 2.10g, 2.10h, 5.1c, 5.16 sono state prodotte coi dati ottenuti al National Radio Astronomy Observatory, National Science Foundation, Associated Universities Inc.

Le immagini 1.36d, 1.37c, 2.1, 2.10a, messe a disposizione dal Chandra X-ray Observatory, sono rispettivamente proprietà privata della NASA/CXC/W. Forman et al., NASA/CXC/SAO, Chandra X-ray Observatory e NASA/CXC/U.Md/A.Wilson et al.

Le immagini 1.37b, 2.9d, 2.9e, 2.9f, 2.9g, 2.9h, 2.10e, 2.11c, 2.11d, 2.11e, 2.15, 2.16, 2.18 sono proprietà privata della NASA/JPL-Caltech. Sono state gentilmente messe a disposizione da J. Keene (SSC/Caltech; Fig. 1.34b), S. Willner (Harvard Smithsonian Center for Astrophysics; Fig. 2.9d, 2.9e), K. Gordon (University of Arizona; Fig. 2.9f, 2.9g, 2.9h, 2.11e), R. Kennicutt (University of Arizona; Fig. 2.10e, 2.15), P. Barmby (Harvard Smithsonian Center for Astrophysics; Fig. 2.11c e 2.11d), STScI/CXC/UofA/ESA/AURA/JHU (Fig. 2.16), Z. Wang (Harvard Smithsonian Center for Astrophysics; 2.18, immagine infrarossa) e M. Rushing (NOAO; 2.18, immagine ottica).

La figura 1.34a, presentata nell'articolo Nagao et al., *AJ*, 2003, **123**, 1167, è stata gentilmente messa a disposizione da T. Nagao (INAF/Osservatorio Astronomico di Arcetri), ed è riprodotta con l'autorizzazione dell'American Astronomical Society.

Le immagini 2.2, 2.3, 2.8 sono proprietà privata della NASA (programma educativo).

Le immagini 2.9b, 2.10c, 2.11a, 5.1b e 6.12 sono proprietà privata del Team GALEX. L'immagine 6.12 è stata gentilmente messa a disposizione da M. Seibert.

L'immagine 2.9c è proprietà privata di J. Irwin (IoA).

L'immagine 2.9l, gentilmente messa a disposizione da R. Beck, è proprietà privata di M. Krause (MPIfR, Bonn).

L'immagine 2.10f è stata gentilmente messa a disposizione da R. Shetty, e fa parte della rassegna BIMA SONG.

L'immagine 2.11f è proprietà privata dell'ESA/ISO, ISOPHOT, M. Haas et al.

L'immagine 2.11g è stata gentilmente messa a disposizione da M. Guélin (IRAM) e N. Neininger.

Le immagini 2.11h, 2.12, 2.13 e 2.14, ottenute a WSRT, sono state messe a disposizione da R. Braun, E. Corbelli, R.A.M. Wolterbos e D. Thilker (Fig. 2.11h), T. Oosterloo (2.12 e 2.13), R. Swaters, R. Sancisi, J.M. van der Hulst (Fig. 2.14, immagine radio; 1997, *ApJ*, **491**, 140) e R.J. Rand, S.R. Kulkarni, J.J. Hester (Fig 2.14 immagine Hα; 1990, *ApJ*, **352**, L1).

L'immagine 2.11i è stata gentilmente messa a disposizione da R. Beck, P. Hoernes e E.M. Berkhuijsen, MPIfR Bonn.

Le immagini 3.11 e 5.13 sono documenti NASA, A. Fruchter ed ERO Team [S. Baggett (STScI), R. Hook (ST-ECF) e Z. Levay (STScI)].

La Figura 4.1, proprietà del CFHT/CNRS/IAP/Terapia, è stata gentilmente messa a disposizione da H.J. Mc Craken e Y. Mellier.

Le figure 4.2 e 4.3 sono state gentilmente messe a disposizione da P. Fouqué, W. Gieren e J. Storm (OLGE).

Le figure 4.4 e 4.5, presentate nell'articolo di Freedman et al. 2001, *ApJ*, **553**, 47, sono state gentilmente messe a disposizione da B. Madore (IPAC), e sono riprodotte con l'autorizzazione dell'American Astronomical Society.

La figura 4.8b è una versione modificata di una figura presentata nell'articolo di Saglia et al., 1993, *ApJ*, **403**, 567, i cui dati sono stati gentilmente messi a disposizione da R. Saglia.

Le figure 4.9b, 4.9c e 4.9d sono proprietà privata del Team GHASP. Sono state gentilmente messe a disposizione da M. Marcelin (LAM).

La figura 4.10, presentata nell'articolo di Gerola & Seiden, 1978, *ApJ*, **223**, 129, è riprodotta con l'autorizzazione dell'American Astronomical Society.

La figura 4.11, presentata nell'articolo di Burnaud & Combes, 2002, *A&A*, **392**, 83, è stata gentilmente messa a disposizione da F. Combes, che ha anche fornito l'immagine 4.12.

La figura 4.13, presentata nell'articolo di A. Bosma, "Dark Matter in External Galaxies – HI Observations", in *Dark Matter*, Proceedings of the 5th Annual October Astrophysics Conference in Maryland, eds. S.S. Holt & C.L. Bennett (American Institute of Physics, NY), pp. 111-120, 1995, è stata gentilmente messa a disposizione da A. Bosma (LAM).

Le figure 4.19, 4.30a e 4.30b, presentate nell'articolo di Sandage et al. 1985, *AJ*, **90**, 1759, sono state gentilmente messe a disposizione da B. Binggeli (Astronomiches Institut, Universität Basel), e sono riprodotte con l'autorizzazione dell'American Astronomical Society.

L'immagine 5.2 è stata gentilmente messa a disposizione da B. Binggeli (Astronomiches Institut, Universität Basel).

L'immagine 5.4 è stata gentilmente messa a disposizione da V. Springel (MPA, Garching).

Le immagini 5.7 e 5.9 sono documenti NASA, H. Ford (JHU), G. Illingworth (UCSC/LO), M. Clampin (STScI), G. Hartig (STScI), ACS Team e ESA.

Le immagini 5.11 e 6.16a sono proprietà privata dell'Astrophysical Research Consortium e della Sloan Digital Sky Survey Collaboration.

L'immagine 5.12 è un documento NASA, N. Benitez (JHU), T. Broadhurst (Racah Institute of Physics/The Hebrew University), H. Ford (JHU), M. Clampin (STScI), G. Hartig (STScI), G. Illingworth (UCO/Lick Observatory), ACS Team e ESA.

La figura 5.14, presentata nell'articolo di Whitmore et al. 1993, *ApJ*, **407**, 489 è stata gentilmente messa a disposizione da B. Whitmore (STScI), ed è riprodotta con l'autorizzazione dell'American Astronomical Society.

La figura 5.15, presentata nell'articolo di Cayatte et al. 1990, *AJ*, **100**, 604, è stata gentilmente messa a disposizione da V. Cayatte (LUHT), ed è riprodotta con l'autorizzazione dell'American Astronomical Society.

L'immagine 6.7 è proprietà privata di M.E. Putman (University of Colorado), L. Staveley-Smith (CSIRO), K.C. Freeman (Australian National University), B.K. Gibson (Swinburne University) e D.G. Barnes (Swinburne University).

L'immagine 6.8 è proprietà privata di D. Kawata, C. Fluke, S. Maddison, B. Gibson (Swinburne University).

La figura 6.9 è stata gentilmente messa a disposizione da E. Grebel (Astronomical Institute, University of Basel).

L'immagine 6.15 è stata gentilmente messa a disposizione da H. Boehringer (MPE Garching), ed è pubblicata in Boehringer et al. 1994, *Nature*, **368**, 828.

L'immagine 6.16b è stata gentilmente messa a disposizione da C. Adami, A. Mazure, M.P. Ulmer, S. Walerys-Belczynska, M.J. West.

L'immagine 6.17 è stata gentilmente messa a disposizione da U. Briel, MPE Garching, Germania, e ESA/XMM-Newton.

Le immagini 6.21 e 6.22, gentilmente messe a disposizione da S. Maddox, sono proprietà privata dei consorzi 2dFGRS e APM.

L'immagine 6.23b è un documento di R. Williams e dell'Hubble Deep Field Team (STScI) e NASA.

L'immagine 6.24 è un documento NASA, ESA, S. Beckwith (STScI) e HUDF Team.

Le immagini 7.1 e 7.3 sono state gentilmente messe a disposizione da J. Colberg, e sono proprietà privata del VIRGO Consortium, MPIfA, Garching.

Finito di stampare nel mese di ottobre 2009